不失敗的甜點配方研究室

macaroniが教える　失敗しないお菓子作りの基本

Basic

Basic Recipe

macaroni & 料理家Emo／著
賴惠鈴／譯

Contents

目錄

Intro

前言

一問一答，揪出烤失敗的各種盲點，第一次做甜點就成功！

除了平常就喜歡做甜點的人，應該也有不少人會想在特別的日子、為了送禮給別人，或在假日為了招待客人而挑戰製作甜點吧？無論是製作過程或完成的那一瞬間，甜點總讓人充滿了幸福感。然而，製作甜點並沒有想像中的那麼容易，每個步驟都有其意義，因此需要正確的知識和作法，才有辦法成功。

為了讓新手或老手都能不失敗的享受製作甜點的樂趣，本書介紹八種基本款甜點的作法和相關知識。除了基本技巧外，還有前置作業的重點、各步驟的注意事項、麵糊的攪拌方法以及如何判斷是否已經攪拌好了等等。在本書中我會根據自身經驗，詳細解說製作甜點的重點及技巧。另外，也會詳細解答製作過程中常見的問題，相信是有助於解決各種製作甜點的「為什麼」的一本書。

製作甜點需要細膩的步驟及正確的判斷。剛開始可能並不順利，也不容易成功，我想應該有不少人只失敗了一次就不再製作甜點了。事實上，只要學會關於甜點的正確知識和技術，就能成功做出非常美味的甜點了。

這本書除了獻給已有製作甜點經驗的老手，也希望剛接觸的新手能透過這本書感受到做甜點的幸福快樂。

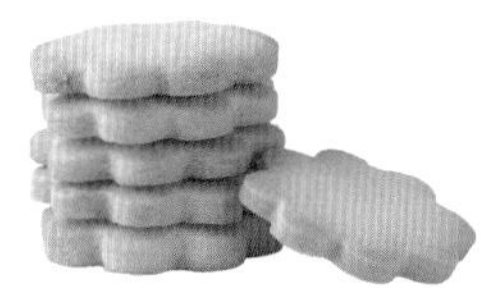

製作甜點的基本工具

相信有不少人是第一次製作甜點，不曉得該準備哪些工具而感到苦惱吧？為了這樣的讀者，在此特別介紹製作甜點所需的基本工具，讓大家可以事先準備，以免在製作過程中突然發現少了某樣工具而無法完成。一起來看看吧！

① 擀麵棍

用來擀開麵團，除了可用於甜點製作外，也經常使用於烘焙和一般料理，用途廣泛。市面上有塑膠製和木製的擀麵棍，雖然兩者皆可使用，但建議選用稍有重量的木製擀麵棍，比較好施力。

② 刮板（切板）

用途廣泛，可用於：推開麵糊、將奶油切碎在各種粉裡、集中擠花袋裡的奶油等。也可用其他工具替代，但刮板會比較好用。

③ 量杯

用來計量水、牛奶、鮮奶油等液體材料。量杯的材質琳琅滿目，但建議選擇耐熱的玻璃製量杯，比較不易染色或沾染味道。

④ 橡皮刮刀

用於攪拌、整合麵糊、移入模具。橡皮刮刀的耐熱度依材質而異，加熱使用時請留意。

⑤ 茶篩

用於將糖粉或可可粉撒在成品上裝飾時使用。若想製作甜點送人，此工具必不可少。

⑥ 量匙

用來計量標示為大匙或小匙的材料。烘焙或料理時也能使用，是相當實用的工具。

⑦ 電動攪拌器

可用來攪拌、打發，如：不用費力就能輕鬆迅速打發蛋白霜，也可作為打蛋器使用。若經常製作甜點，備妥一臺會比較方便省力。

⑧ 玻璃製調理碗

這是製作麵糊或奶油時不可或缺的工具。不妨使用能放進烤箱或微波爐等耐熱度比較高的玻璃製調理碗，會更便於使用。

⑨ 擠花袋、花嘴

用來擠出奶油或麵糊。有一次性的塑膠製材質，也有可反覆使用的矽膠製或布製的。

⑩⑪ 菜刀（廚師刀、三德刀、麵包刀等）

用來剁碎巧克力、切開裝飾用水果、切分蛋糕等。新手可準備三德刀即可。

⑫ 篩網

製作甜點的必備工具，用來過篩各種粉類以免結塊，也可過濾蛋液。有杯型、手壓式和濾網型的，可依使用習慣選擇。

⑬ 不鏽鋼製調理碗

用來製作麵糊、攪散奶油或隔水加熱、浸泡於冰水降溫。請使用導熱性較好的不鏽鋼製產品。

⑭ 抹刀

把奶油塗抹在蛋糕上時使用。有分成握柄至刀刃呈一直線的直型抹刀，和握柄彎曲的L形抹刀；建議新手選擇用途較廣的直型抹刀。

⑮ 打蛋器

用來攪拌均勻材料或把空氣混入麵糊中。特徵依鋼絲的數量和長度而異，請配合要製作的甜點或調理碗的大小分開來使用。

本書的使用方法

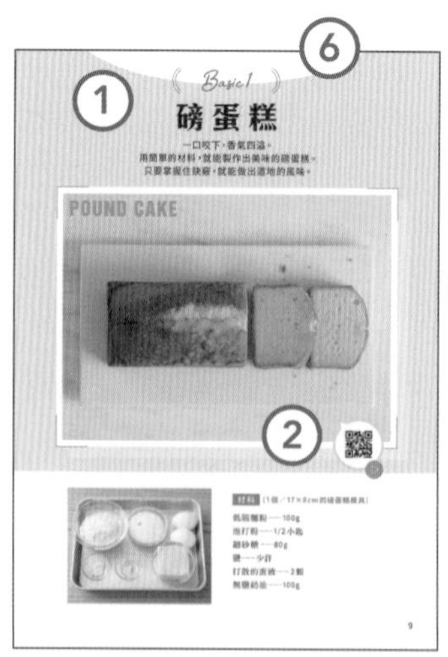

① 兼顧基本款與變化款作法

基本款為各位介紹基本的甜點作法；變化款則是以基本款為基礎所做的口味或樣式變化。

② 附上 macaroni 網站影片

每個甜點作法都有附上QR code，可掃描至macaroni網站上的影片，搭配書中文字，邊看邊做。

③ Q&A

製作甜點的常見問題和解答，也會介紹製作重點與美味訣竅。

④ Memo

標示可以參照的頁碼。

⑤ Point

介紹作法的訣竅和重點等。

⑥ Basic 1 ～ 8

介紹八種基本款甜點的作法。

⑦ 變化款❶～

學會基本作法後，會再以該基本款為主，介紹各式變化款甜點。

⑧ 甜點小知識 A ～

解說製作甜點的材料所扮演的角色和特點。

⑨ 甜點實驗室 01 ～

帶各位實驗看看，若改變製作甜點時需要的材料和分量，做出來的成品會有哪些差別。

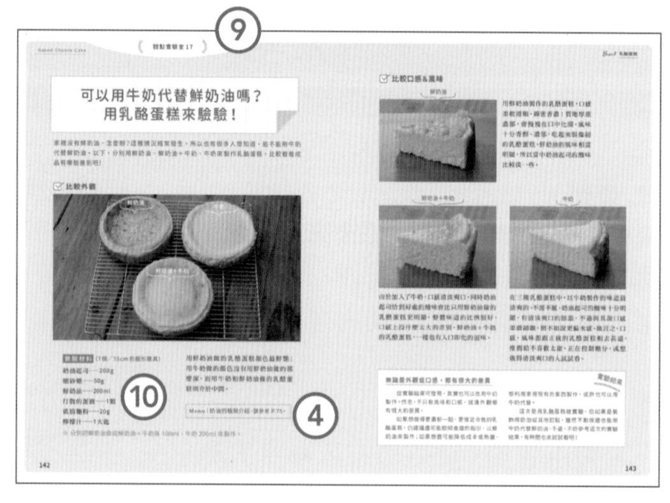

⑩ 實驗材料

- 1大匙為15ml；1小匙為5ml。
- 使用的是無添加的無鹽奶油。
- 奶油的含脂量約35～47%。
- 烤箱溫度、烘烤時間僅供參考，請依實際狀況調整。

Basic 1

磅蛋糕

一口咬下，香氣四溢。
用簡單的材料，就能製作出美味的磅蛋糕。
只要掌握住訣竅，就能做出道地的風味！

POUND CAKE

材料（1個／17×8cm的磅蛋糕模具）

低筋麵粉——100g
泡打粉——1/2小匙
細砂糖——80g
鹽——少許
打散的蛋液——2顆
無鹽奶油——100g

前置作業

- 奶油和蛋恢復至常溫。
- 把烘焙紙鋪在模具裡。
- 烤箱預熱至180°C。

Q1 為什麼要讓奶油和蛋恢復至常溫？

A 奶油太冷會無法攪拌成乳霜狀，以致很難與後面才加進來的材料充分拌勻。另外，蛋太冷也會造成材料分離，所以也要跟奶油一樣，先恢復至常溫再開始製作。

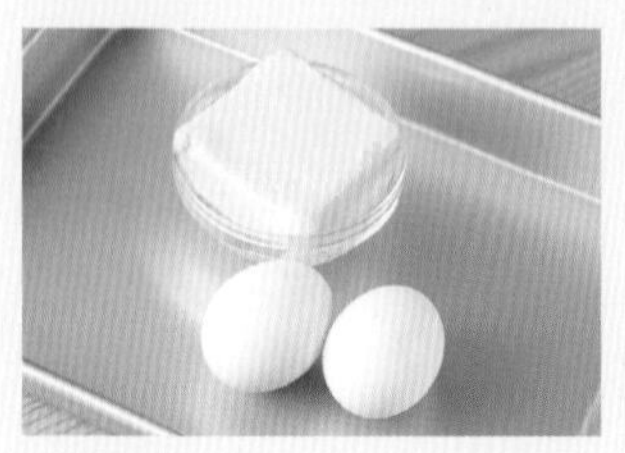

Q2 奶油在怎樣的硬度狀態，才是「恢復常溫」呢？

用手指或打蛋器按壓時，能輕鬆壓下去就可以了。

1

奶油放入調理碗中，用電動攪拌器攪拌至柔滑細緻狀。

2

攪拌到變得白白的！

加入細砂糖、鹽，再持續攪拌到變得白白、膨膨的為止。

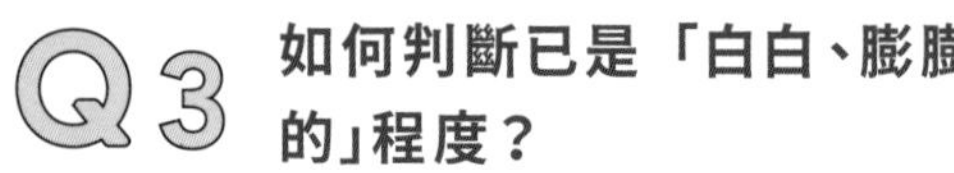

Q3 如何判斷已是「白白、膨膨的」程度？

A 大約是原本奶黃色的奶油變成乳白色、體積膨脹一倍，感覺飽含空氣的狀態。

3

分次加入打散的蛋液，每次都要充分攪拌至乳化為止。

Q4 爲什麼不能一次全部加進去？

A 奶油的油和蛋液的水，非常不容易融合，若一次全部加進去，可能會造成油水分離。一旦油水分離會導致成品膨脹度不夠、口感變差，因此請分幾次加入，一次1大匙左右。

Q5 萬一攪拌過程中油水分離，怎麼辦？

A 萬一攪拌中途油水分離，請以40～50°C左右的熱水隔水加熱，並持續充分攪拌均勻。如果這樣還是無法改善，請加入少量材料中的低筋麵粉，攪拌均勻。

4

以切拌的方式攪拌均勻！

以過篩的方式加入低筋麵粉和泡打粉，再用橡皮刮刀以切拌的方式攪拌均勻。

Q6 什麼是「切拌」的攪拌方式？

A 橡皮刮刀直著拿，再插進麵糊中央，以猶如寫英文字「J」的方式，從底部舀起來攪拌均勻。

> **Point**
>
> 以畫圓的方式攪拌，容易攪拌過頭，使麵粉產生「麩質」，如此，就無法漂亮地膨脹起來，而且會烤得硬邦邦。因此請務必以切拌的方式拌勻喔！

Q7 如何判斷麵團已經拌好了？

A 攪拌到不再粉粉的、呈柔滑細緻狀，有光澤感就可以了。

5

麵團放入模具中，抹平表面，讓兩邊稍微高一點。從大約10cm高的地方把模具往作業臺上摜，好讓空氣排出。

Q8 爲什麼兩端要高一點？

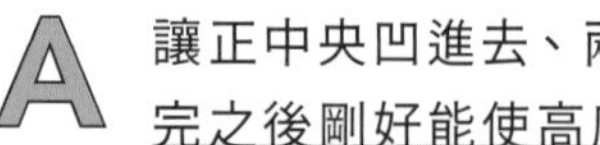

A 讓正中央凹進去、兩邊高一點，烤完之後剛好能使高度趨於一致。

6

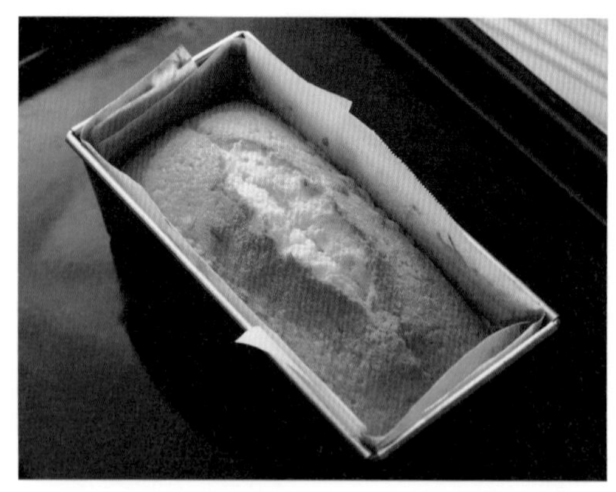

把模具放入預熱好180° C的烤箱，烤40～45分鐘。

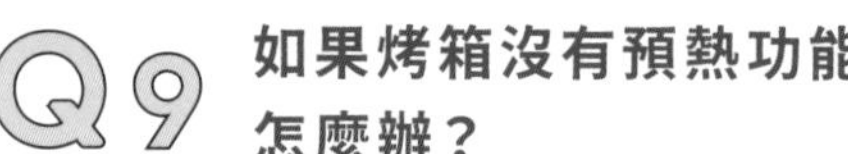

Q9 如果烤箱沒有預熱功能怎麼辦？

A 若烤箱沒有預熱功能，可先設定好溫度，加熱10～15分鐘後再放進去開始烤。

Point

烤到大約過10分鐘時，把模具取出，用沾水的刀子在麵團正中央切一刀，就能烤出磅蛋糕漂亮的膨度。

7

從烤箱裡取出，放涼後脫模，放在蛋糕冷卻架上冷卻。

8

徹底放涼後，再切成自己喜歡的適口大小，就大功告成了。

Q10 什麼時候要從模具裡拿出來？

A 剛出爐的磅蛋糕很鬆軟，容易倒塌變形，所以一定要放涼至手可觸摸的溫度，再脫模。

Q11 烤完之後，爲什麼不能馬上切開？

A 即便是放涼脫模的磅蛋糕，還是會有餘溫，如此橫切面可能會碎裂。因此請務必等到完全放涼後再切開。如果時間允許，建議冷卻後先用保鮮膜仔細包起來，靜置一晚再切開。

巧克力大理石磅蛋糕

材料

(1個／17×8cm的磅蛋糕模具)

打散的蛋液——2顆
低筋麵粉——100g
泡打粉——1小匙
細砂糖——80g
可可粉——2大匙
牛奶——2大匙
香草油——適量
無鹽奶油——100g

Point

- 把空氣拌入奶油中，就能把奶油攪拌得蓬鬆柔軟。
- 蛋液容易分離，所以重點在於一點一點分次加入。
- 爲了不讓可可粉結塊，請與牛奶充分攪拌均勻。

作法

❶ 奶油放入調理碗中，用電動攪拌器攪拌至呈柔滑細緻的乳霜狀；再加入細砂糖，攪拌到變白為止。
❷ 分次加入打散的蛋液，每次都要充分攪拌均勻。
❸ 以過篩的方式加入低筋麵粉和泡打粉，稍微攪拌一下，再加入香草油，攪拌均勻。
❹ 可可粉、加熱的牛奶倒進另一個調理碗中，攪拌均勻，再加入1/3的步驟❸麵糊拌勻。
❺ 把步驟❹的麵糊裡加到❸裡，切拌2～3次，使其呈現出大理石的紋路。
❻ 麵團倒進鋪有烘焙紙的模具裡，抹平表面，在中央劃出一條凹槽。放入預熱至180°C的烤箱，烤40分鐘。※10分鐘後取出，在中央切一刀，烤完中間就會有漂亮的裂痕！
❼ 待稍降溫之後脫模，放涼再切成便於食用的大小，依個人喜好撒點糖粉就可以享用了。

前置作業

- 把奶油和蛋取出放在室內，恢復至常溫。
- 牛奶用600瓦的微波爐加熱10秒鐘左右。
- 把烘焙紙鋪在模具裡；烤箱預熱至180°C。

米粉香蕉磅蛋糕

材料

（1個／17×8cm的磅蛋糕模具）

米粉——120g

泡打粉——1小匙

蔗糖——60g

香蕉——1根（130g）

蛋——2顆

米油——40g

烤過的核桃——40g

前置作業

- 把烘焙紙鋪在模具裡。
- 烤箱預熱至180°C。

作法

❶ 香蕉放入調理碗中，用搗碎器或叉子，搗成至呈柔滑細緻的泥狀。

❷ 加入蛋、米油、蔗糖，徹底混合攪拌均勻。

❸ 加入米粉、泡打粉，攪拌到不再有粉末狀；再加入核桃，稍微攪拌一下。

❹ 麵團倒進鋪有烘焙紙的模具裡，再放入預熱至180°C的烤箱烤40分鐘。

❺ 從烤箱裡取出，接著脫模，待完全放涼冷卻之後切片，就大功告成了。

Point

- 爲避免烤後回縮，出爐後不要等待完全冷卻再脫模，要先從模具裡拿出來放涼。
- 使用全熟香蕉能增加自然的甘甜，更美味好吃。如果使用的香蕉尚未完全成熟，請連同外皮，不用包保鮮膜，直接放進微波爐加熱30秒左右，就能增加甜度喔！

史多倫風磅蛋糕

材料

（1個／17×8cm的磅蛋糕模具）

低筋麵粉——90g
杏仁粉——20g
肉桂粉——1/2小匙
泡打粉——1小匙
打散的蛋液——2顆
細砂糖——90g
果乾(a)——100g
杏仁片(b)——40g
蘭姆酒——1大匙
無鹽奶油——100g

裝飾用

無鹽奶油——10g
糖粉——適量

作法

❶ (a)和(b)放入調理碗中，從材料中的低筋麵粉取2大匙左右加進去，讓(a)和(b)都均勻沾上麵粉。
❷ 奶油放入調理碗中，以電動攪拌器攪拌至柔滑乳霜狀。
❸ 再加入細砂糖，繼續攪拌到變得白白、稠稠狀為止。
❹ 分次加入打散的蛋液，每次都要充分攪拌均勻。
❺ 以過篩的方式加入低筋麵粉、杏仁粉、泡打粉、肉桂粉，再用橡皮刮刀以切拌的方式，稍微攪拌一下。
❻ 加入蘭姆酒，攪拌至不再有粉末狀為止。
❼ 把❻倒進鋪有烘焙紙的模具裡，再把空氣敲出來。放入預熱至180°C的烤箱，烤45～50分鐘。※10分鐘後取出，在中央切一刀。
❽ 烤好後立刻脫模，趁熱塗上裝飾用的奶油。
❾ 最後撒上大量的糖粉就完成了。

前置作業

- 把奶油和蛋取出放在室內，恢復至常溫。
- (b)用預熱至160°C的烤箱加熱5～6分鐘，放涼備用。
- 把烘焙紙鋪在模具裡；烤箱預熱至180°C。

紅茶磅蛋糕

材料

（1個／17×8cm的磅蛋糕模具）

鬆餅預拌粉——150g
蛋——1顆
細砂糖——50g
牛奶——50ml
紅茶（茶包）——1包
沙拉油——50g

前置作業

- 把烘焙紙鋪在模具裡。
- 烤箱預熱至180°C。

作法

❶ 牛奶、紅茶的茶葉放入調理碗中，放進600瓦的微波爐加熱1分鐘；加熱完成後取出攪拌均勻，放涼備用。
❷ 沙拉油、細砂糖、蛋倒進另一個調理碗中，用打蛋器充分攪拌均勻。
❸ 加入鬆餅預拌粉，用橡皮刮刀以切拌的方式攪拌均勻。
❹ 攪拌至不再有粉末狀後，加入❶，繼續攪拌到不再有粉末狀為止。
❺ 把❹倒進模具，再放入預熱至180°C的烤箱，烤30～35分鐘。
❻ 從烤箱裡取出，脫模，待完全冷卻後切片，就大功告成了。

Point

・除了紅茶，加入果乾或巧克力豆，也很美味哦！

不同麵粉的特性

麵粉大致可以分成低筋麵粉、中筋麵粉、高筋麵粉三種。
了解麵粉的種類及其特性，有助於我們掌握甜點製作的重點。

低筋麵粉

低筋麵粉是由軟質小麥製成的麵粉，蛋白質含量較低，只有6.5～8.5%，粒子比高筋麵粉細緻，其特性是加水時不容易產生黏性。低筋麵粉的口感較輕盈，非常適合用來製作甜點或天麩羅的麵衣。

高筋麵粉

高筋麵粉是由硬質小麥製成的麵粉，蛋白質含量最多，約11.5～13%，其加水後的黏性最強。麩質可以鎖住發酵後所產生的氣體，因此麩質含量高的高筋麵粉，很適合用來製作麵包。

中筋麵粉

中筋麵粉是由中間質小麥或軟質小麥製成的麵粉，蛋白質含量為8.5～10.5%，介於低筋麵粉與高筋麵粉之間，粒子的大小及黏性也介於兩者之間，其特性是延展性極佳。適合做成烏龍麵或拉麵等麵條或餃子皮。

使用不同麵粉會影響成品嗎？用磅蛋糕來驗證！

假如食譜只寫「麵粉」時，到底是要用哪種麵粉呢？不同的麵粉有不同的特性，以下，透過磅蛋糕，來試試看用低筋麵粉、中筋麵粉、高筋麵粉做出來的成品有什麼不同。

比較外觀

低筋麵粉

蛋白質含量比較少的低筋麵粉，能確實烤出「膨起來」的蛋糕。

中筋麵粉

跟低筋麵粉一樣，可以確實烤出「高度」。

高筋麵粉

看得出來「膨起來」的程度比低筋麵粉、中筋麵粉差很多，這是因為蛋白質含量比較高，麵糊會產生黏性（麩質），以致烤的時候很容易變硬，不容易膨脹。

實驗材料

（1個／17×8cm的磅蛋糕模具）

麵粉——100g
泡打粉——1/2小匙
細砂糖——80g
鹽巴——少許
打散的蛋液——2顆
無鹽奶油——100g

※ 粉類的克數不變，依序用低筋麵粉、中筋麵粉、高筋麵粉來製作即可。

比較口感

高筋麵粉

相較於能烤出濕潤、鬆軟、口感輕盈的低筋麵粉，用高筋麵粉烤出來的紋理比較扎實、偏硬、有口感，用手指按壓時會彈回來。另外，咀嚼時吃起來感覺沙沙的。

中筋麵粉

蛋白質含量剛好介於兩者之間的中筋麵粉，烤出來的磅蛋糕也介於中間。雖然比起低筋麵粉少了點輕盈的口感，但沒有高筋麵粉那種沙沙的口感，軟硬適中，吃起來剛剛好。

低筋麵粉

可以烤出濕潤、鬆軟、輕盈的口感。用指尖摸摸看剛出爐的蛋糕，幾乎沒有阻力，手指一下子就陷進去了。

實驗結果

理解各種麵粉的差異和特性，就能依照自身所需創造不同口感

了解麵粉的不同特性之後，可能心想「真的會差這麼多嗎？」會！根據實驗結果，我不太建議用高筋麵粉烤蛋糕，還是低筋麵粉最適合；尤其磅蛋糕更是如此，因爲磅蛋糕最重要的，莫過於膨度，以及濕潤、鬆軟的口感。不過，如果換成餅乾或塔等其他甜點，可能又會出現不一樣的結果。

話雖如此，也絕對沒有不能使用高筋麵粉做甜點的鐵律。實際上，我烤可麗餅或戚風蛋糕時，也曾把一部分的低筋麵粉換成高筋麵粉來製作。加入高筋麵粉會產生些許黏性，麵團比較不容易破掉，可以創造出綿軟彈牙的口感。

另外，中筋麵粉說穿了其實是由低筋麵粉和高筋麵粉混合而成的產品。建議用來做甜甜圈、餅乾或吉拿棒等，可以烤出恰到好處的嚼勁。如果家中有沒用完的高筋麵粉，請務必混入低筋麵粉，試著用來做甜點吧！

什麼最適合用來取代麵粉？用磅蛋糕來驗證！

發揮實驗精神，試試看用低筋麵粉、米粉、鬆餅預拌粉、大豆粉、太白粉等五種粉類來烤磅蛋糕，會有什麼差異？研究看看什麼材料最適合用來取代麵粉，以及烤出來的磅蛋糕會有什麼不同吧！

比較外觀

到處都可以看到細小的氣孔，整體紋理比較細緻。高度也夠，膨脹得很好看。

橫切面最接近低筋麵粉，烤得很漂亮，但膨脹不太起來，成品會比用低筋麵粉烤的小一號。

沒有高低差，膨脹得很均勻。和其他磅蛋糕相比，成品的顏色比較深。另外，紋理也比低筋麵粉或米粉製的磅蛋糕還粗一些。

沒有膨脹得很高，但也不是完全沒膨起來，比預想中膨得還高一些。外觀偏黃，是大豆粉特有的顏色。

表面烤得蓬鬆柔軟，但切開一看，中間的部分是硬邦邦的；好像也不是沒烤熟，但外觀和口感差很多。

實驗材料

（1個／17×8cm的磅蛋糕模具）

低筋麵粉——100g
泡打粉——1/2小匙
細砂糖——80g
鹽巴——少許
打散的蛋液——2顆
無鹽奶油——100g

※粉類的克數不變，依序把低筋麵粉換成米粉、鬆餅預拌粉、黃豆粉、太白粉來製作即可。

比較口感&風味

低筋麵粉

濕潤、鬆軟，充滿磅蛋糕的口感，能感受到強烈的奶油風味，甜度也剛剛好。

米粉

呈現出外側酥鬆、內側濕潤扎實的口感。一口咬下、入口即化的口感優於用低筋麵粉烤出來的磅蛋糕，口感十分輕盈。

鬆餅預拌粉

不太有濕潤扎實的口感，而是鬆鬆軟軟的口感。由於鬆餅預拌粉本身含有香料和砂糖，所以除了奶油的風味以外，還能品嚐到類似香草的風味，甜度也最高。

大豆粉

口感相當濕潤、扎實。原本擔心會烤得乾巴巴，結果還好，只不過，並非入口即化的口感，感覺蛋糕會殘留在嘴巴裡，不易下嚥。能強烈感受到黃豆粉香氣四溢的風味。

太白粉

外側酥鬆爽口，質地十分輕盈，呈現出入口即化的口感，但一口咬下去卻硬邦邦的，感覺跟磅蛋糕差了十萬八千里。此外，甜度和奶油的風味也不明顯，而是清爽的口感。

究竟，可以用來代替低筋麵粉的是？

這次嘗試用麵粉以外的粉類來製作磅蛋糕。雖然本來就知道這些粉類的性質完全不同，只是沒想到烤出來的磅蛋糕會差這麼多！

話雖如此，實驗結果發現，米粉最適合用來代替低筋麵粉。上述粉類都可以烤出外觀相似的磅蛋糕，但用米粉烤出來的磅蛋糕無論是外觀或口感都最接近低筋麵粉。

不過，其實也不是非得用低筋麵粉或米粉才能製作甜點。只是在分量與低筋麵粉相同的前提下，米粉之外的材料很難直接替換。如果還是想用其他粉類替代，得多次嘗試合適的分量，才能做出美味可口的甜點哦！

Basic 2

造型餅乾

利用簡單的材料，再用喜歡的模具為麵團塑形，
就能製作出非常適合送人的可愛餅乾！
加入可可粉、抹茶或紅茶茶葉，還能增加口味的變化喔！

Cut-out Cookie

材料（20～25片）

無鹽奶油——100g
糖粉——40g
砂糖——20g
鹽——少許
打散的蛋液——1/2顆
香草油——適量
低筋麵粉——200g

前置作業

- 奶油和蛋恢復至常溫。
- 烤箱預熱至170°C。

Q1 為什麼要讓奶油和蛋恢復至常溫？

A 奶油溫度太低的話，無法攪拌成乳霜狀，也很難與之後才加進來的材料攪拌均勻。另外，蛋的溫度太低也會造成分離，所以要和奶油一樣，先恢復至常溫再開始製作。

Q2 奶油怎樣的硬度狀態，才是「恢復常溫」呢？

A 用手指或打蛋器按壓時，能輕鬆壓下去就可以了。

奶油放入調理碗中，用打蛋器攪拌至呈乳霜狀。

Q3 為什麼不能直接使用融化的奶油？

A 奶油的性質依溫度而異，無論是用冷卻奶油或融化奶油製作，都會影響最終烘烤出來的成品效果，所以一定要使用恢復常溫的奶油。

繼續攪拌，直到從奶黃色變成乳白色！

2

加入糖粉、砂糖、鹽，持續攪拌，直到變得白白的為止。

Q4 可以把糖粉全部換成砂糖嗎？

A 也可以全部換成砂糖，但砂糖的顆粒比糖粉粗，所以可能無法烤出光滑的表面，也會影響烤出來的口感，因此建議遵照食譜，使用糖粉製作。

Q5 爲什麼要加鹽？不能用含鹽奶油代替嗎？

A 鹽巴可以讓甜味更突出，使得餅乾更美味。若直接用含鹽奶油製作，鹽分很可能會過高，吃起來太鹹，所以請使用無鹽奶油。

Q6 要如何判斷已經攪拌至「白白的」程度呢？

A 肉眼看原本奶黃色的奶油變成乳白色即可。

3

依序分2～3次加入蛋液，每次都要充分攪拌均勻；接著，再加入香草油，繼續攪拌均勻。

4

以過篩的方式加入低筋麵粉，再用橡皮刮刀以切拌的方式攪拌均勻。

Q7 爲什麼低筋麵粉一定要過篩？

過篩是爲了避免結塊，還能讓麵粉含有空氣，做出更柔順的麵糊。

Q8 什麼是「切拌」的攪拌方式？

A 橡皮刮刀直著拿，再插進麵糊中央，以猶如寫英文字「J」的方式，從底部舀起來攪拌均勻。轉動橡皮刮刀時，請用另一隻手把調理碗轉過來。把麵糊攪拌得鬆鬆的，再進入下一個步驟。

5

把麵糊攪拌得鬆鬆的之後，以將刮刀往碗底按壓的方式，把麵團集中在一起。

Point

若攪拌得不夠充分，麵團可能會在擀麵或用模具塑形時散開。請務必以按壓在碗底的方式，徹底讓麵糊變成一團。

6

如圖所示用手把麵糊揉成一團，再用保鮮膜包起來，放進冰箱醒麵1小時以上。

Q9 爲什麼要醒麵？作用是什麼？

A 必須讓攪拌混合麵糊時所產生的麩質穩定下來，才能做出口感輕盈、酥酥脆脆的餅乾。除此之外，醒麵還能讓水分均勻分布在麵團裡。徹底冷卻後也比較容易塑形，所以請務必醒麵1小時以上。

7

將麵團夾在兩張保鮮膜中間，用擀麵棍擀成4～5mm厚。

Q10 萬一麵團變得太硬，不好擀開怎麼辦？

A 如果硬是擀開，會造成麵團龜裂。若有這個情形，請先把擀麵棍均勻地用力壓在麵團上，把麵團壓軟了之後再擀開。

8

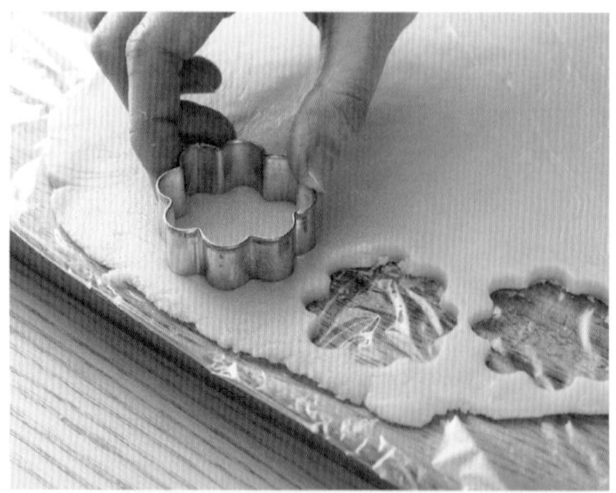

擀成4～5mm厚之後，再用喜歡的模具塑形，放在鋪有烘焙紙的烤盤上。

Q11 無法從模具裡取出麵團怎麼辦？

A 如果硬要在麵團還很軟的狀態下作業，就可能會很難脫模，以致變形或碎裂。如果麵團變得太軟，請先重新冷卻後再作業。

9

放入預熱至170°C的烤箱，烤12～14分鐘，烤好之後放在蛋糕冷卻架上放涼，就大功告成了。

擠花餅乾

材料（20～25片）

無鹽奶油——70g
糖粉——50g
蛋黃——1顆
低筋麵粉——100g
杏仁粉——20g
牛奶——1大匙

前置作業

- 奶油恢復至常溫。
- 低筋麵粉和杏仁粉混合過篩。
- 將烤箱預熱至170°C。
- 擠花袋裝好星型花嘴備用。

作法

❶ 奶油、糖粉放入調理碗中，攪拌至呈乳霜狀為止；再依序加入蛋黃、牛奶，混合拌勻。

❷ 加入所有粉類，再用橡皮刮刀攪拌至不再有粉末狀。

❸ 將❷裝入擠花袋，以寫「の」字的方式，擠在鋪有烘焙紙的烤盤上。

❹ 連同烤盤放入冰箱，醒麵30分鐘。

❺ 放入預熱至170°C的烤箱，烤10～15分鐘，放涼後就大功告成了。

Point

- 擠出麵糊時，只要把花嘴與烤盤呈90度垂直，就能擠出漂亮的花朵。
- 也可以另外放上果乾或果醬，外觀會更可愛討喜；若沒有擠花袋，也可以以保存用的夾鏈袋代替。

冰盒餅乾

材料（約25片）

a.低筋麵粉——100g

b. 低筋麵粉——90g
可可粉——10g

糖粉——60g

打散的蛋液——1顆

無鹽奶油——100g

前置作業

- 奶油和蛋恢復至常溫。
- 將烤箱預熱至170°C。

作法

❶ 奶油、糖粉放入調理碗中，再用橡皮刮刀攪拌均勻。

❷ 分次加入打散的蛋液，混合攪拌均勻。

❸ 將其中一半移到另一個碗中，分別以過篩的方式加入a.和b.，再用橡皮刮刀充分攪拌均勻。

❹ 用保鮮膜包起來，再放進冰箱，醒麵1小時以上。

❺ 隔著保鮮膜將麵團擀成3mm厚。將巧克力口味的麵團疊在原味麵團上，再輕輕滾動擀麵棍，使其密合。

❻ 從靠近自己身體這邊往前捲，小心不要產生空隙。把捲好的地方壓緊，再用保鮮膜包起來，靜置1小時以上。

❼ 切成5～7mm左右的厚度，排在鋪有烘焙紙的烤盤上。

❽ 放入預熱至170°C的烤箱，烤12～14分鐘，放涼後就大功告成了。

Point

・捲麵團時不能有空隙，一定要緊緊地捲起來。

・烤箱一定要先預熱。烤箱的火候依機種而異，烘烤時間僅供參考，請視實際情況進行調整；若擔心顏色會烤得太深，請蓋上錫箔紙。

抹茶餅乾

材料（23～24片）

低筋麵粉——100g
抹茶粉——5g
打散的蛋液——1/2顆
糖粉——40g
無鹽奶油——50g

前置作業

- 奶油和蛋恢復至常溫。
- 將烤箱預熱至180° C。

作法

❶ 奶油、糖粉放入調理碗中，攪拌至呈柔滑細緻狀為止。
❷ 加入打散的蛋液，再混合攪拌均勻。
❸ 以過篩的方式加入低筋麵粉和抹茶粉，充分攪拌至不再有粉末狀。
❹ 整理麵糊成直徑2cm的棒狀，再用保鮮膜包起來，放進冰箱，醒麵約1小時。
❺ 撕開保鮮膜，用菜刀切成1.5cm厚，排在鋪有烘焙紙的烤盤上。
❻ 放入預熱至180° C的烤箱，烤13～15分鐘，放涼後就大功告成了。

Point

- 如果把大約20% 的低筋麵粉換成杏仁粉，可以烤出更香、更酥鬆的餅乾。
- 烤箱一定要先預熱。烤箱的火候依機種而異，烘烤時間僅供參考，請視實際情況進行調整；若擔心顏色會烤得太深，請蓋上錫箔紙。

椰子油餅乾

材料（12～15片）

低筋麵粉——150g
椰子油——50g
砂糖——40g
牛奶——2大匙
果乾——30g
綜合堅果——30g

前置作業

- 低筋麵粉過篩備用。
- 綜合堅果剁碎備用。
- 將烤箱預熱至180°C。

作法

❶ 椰子油、砂糖倒入調理碗中，混合拌勻。
❷ 以過篩的方式加入低筋麵粉，再加入果乾、綜合堅果，用橡皮刮刀稍微攪拌一下。
❸ 加入牛奶，將麵糊揉成一團。
❹ 用擀麵棍擀成5mm厚，以模具塑形。
❺ 排在鋪有烘焙紙的烤盤上，放入預熱至180°C的烤箱，烤20分鐘。
❻ 烤好後取出放涼，就大功告成了。

Point

・可以加入自己喜歡的食材，創造更多口感變化。

巧克力餅乾

材料（15～20片）

低筋麵粉——100g
可可粉——10g
細砂糖——50g
沙拉油——80g
蛋黃——1顆
杏仁片——25g
細砂糖——適量

前置作業

- 將烤箱預熱至170°C。

作法

❶ 沙拉油、細砂糖倒入調理碗中，再用打蛋器攪拌均勻。
❷ 加入蛋黃，徹底攪拌均勻後，以過篩的方式加入低筋麵粉和可可粉，再用橡皮刮刀以切拌的方式拌勻。
❸ 加入杏仁片，把麵糊揉成一團，之後調整成棒狀，再用保鮮膜包起來，放進冰箱醒麵1小時。
❹ 從冰箱裡取出，均勻撒上細砂糖，切成1cm左右的厚度。
❺ 排在鋪有烘焙紙的烤盤上，放入預熱至170°C的烤箱，烤20～25分鐘。
❻ 烤好後從烤箱裡取出放涼，就大功告成了。

Point

- 讓整個麵團都沾勻沙拉油後，再用手以使勁按壓的方式攪拌，就能順利揉成一團喔！另外，揉麵的方式會依使用的沙拉油或低筋麵粉而有些許不同。請分次加入沙拉油，視實際狀況進行調整。
- 剛出爐很容易變形，一定要徹底放涼以後再享用。
- 也可以用相同分量的奶油代替沙拉油。

迷你菠蘿小餅乾

材料（約18片）

鬆餅預拌粉——200g
蛋——1顆
細砂糖——30g
無鹽奶油——40g

裝飾用
細砂糖——1小匙

前置作業

- 奶油放進600瓦的微波爐加熱20～30秒，使其融化。
- 將烤箱預熱至170°C。

作法

❶ 蛋打散在調理碗中，加入融化的奶油和細砂糖，充分攪拌均勻。
❷ 加入鬆餅預拌粉，用橡皮刮刀以切拌的方式攪拌均勻。
❸ 將麵團揉圓成一口大小，稍微壓扁；表面撒上適量的裝飾用細砂糖。
❹ 使用刀子或刮板畫上格子狀的紋路，再放入預熱至170°C的烤箱烤13～14分鐘，放涼後就大功告成了。

Point

- 烘烤時會稍微膨脹，所以排列在烤盤上時請事先預留適當的間隔。
- 烤箱一定要預熱。烤箱的火候依機種而異，烘烤時間僅供參考，請視實際情況進行調整；若擔心顏色會烤得太深，請蓋上錫箔紙。

蛋白霜餅乾

材料（30～40個）

蛋白——1顆
細砂糖——50g
玉米粉——40g

前置作業

- 將烤箱預熱至110°C。

作法

❶ 蛋白放入調理碗中，再用電動攪拌器打發。
❷ 依序分3～4次加入細砂糖，每次都要仔細攪拌均勻。攪拌到長角後轉低速再攪拌1分鐘，調整質地。
❸ 加入玉米粉，稍微攪拌一下，再裝入擠花袋。
❹ 擠在鋪有烘焙紙的烤盤上，放入預熱至110°C的烤箱，烤50分鐘。
❺ 烤好後從烤箱裡取出放涼，就大功告成了。

Point

- 蛋白霜若打得太發，口感會變得沙沙的，請特別留意。
- 請觀察烘烤的狀況，視實際狀況調整烤箱的烘烤時間。
- 如果家中沒有玉米粉，也可以用太白粉代替。

砂糖&不同甜味料的差異

各位是否有過這樣的經驗?突然想要做餅乾，結果家中卻沒有食譜中指定的砂糖；這時，該怎麼辦呢?其實不一定要使用砂糖，也可以用其他甜味料替代，但用量上各異。爲此，不妨先了解各自的特性，更能完成理想中的餅乾喔!

細砂糖

最常用來製作甜點，質地比上白糖鬆散，容易溶解，能做出甜度優雅清爽、口感輕盈的甜點。可用來製作各式甜點；由於易溶解，特別適合用來製作果凍或慕斯。

糖粉

這是將細砂糖研磨成粉末狀的產品。粒子很細，很容易與餅乾或蛋糕等麵糊充分融合，能烤出光滑的表面；經常用來製作馬卡龍。為了避免結塊，經常加入玉米粉一起販售，但如果用加了玉米粉的糖粉來做馬卡龍，可能會造成馬卡龍表面龜裂。

上白糖

含水量比細砂糖多是上白糖的特徵。很容易烤出顏色，所以一定要小心別烤焦。風味甘醇，甜味也相當顯著。經常用來做蜂蜜蛋糕或和菓子等口感較濕潤的甜點。

蔗糖

這是從甘蔗萃取出來的砂糖液所熬煮而成的砂糖，富含礦物質，充分保留甘蔗的原味，可做成風味濃郁的甜點。適合用來製作鄉村風的餅乾或和菓子。由於風味很有特色，反而不適合用在果醬或水果塔等需要表現材料原味的甜點。

蜂蜜

蜜蜂採集花蜜，回巢加工、貯藏的天然甜味料。用蜂蜜製作的甜點能呈現出蜂蜜獨特的風味，使口感更加濕潤。另外，就算冷卻也不會變硬，能烤出很漂亮的色澤。

能用其他甜味料代替砂糖嗎？用餅乾來驗證！

各位是否想過用其他東西來代替砂糖呢？以下，分別用細砂糖、糖粉、上白糖、蔗糖、蜂蜜來替代，看看做出來的餅乾會有哪些差異吧！

比較外觀

看得出來，用粒子比較細的糖粉和液體的蜂蜜，所烤出來的餅乾表面最光滑。上白糖、細砂糖、蔗糖的粒子比較粗，因此表面會有顆粒感。另外，上白糖、蔗糖、蜂蜜烤出來的色澤，感覺比糖粉、細砂糖深一些。

細砂糖

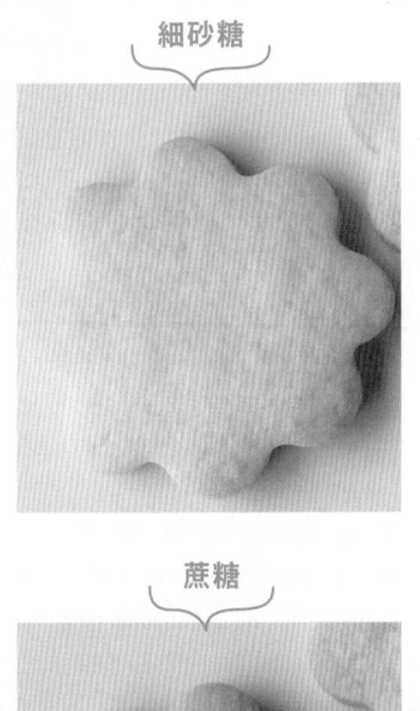

糖粉

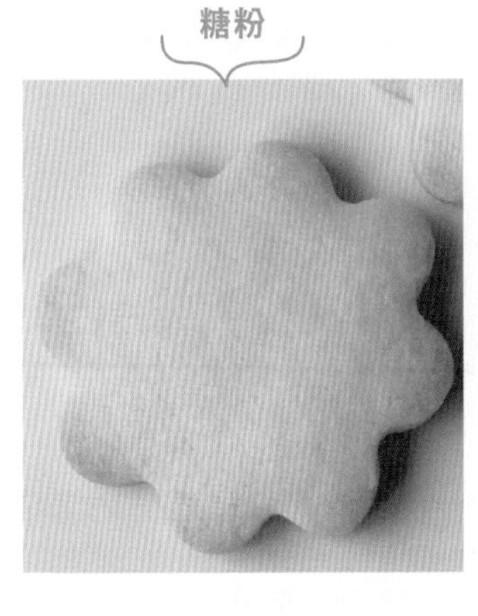

上白糖

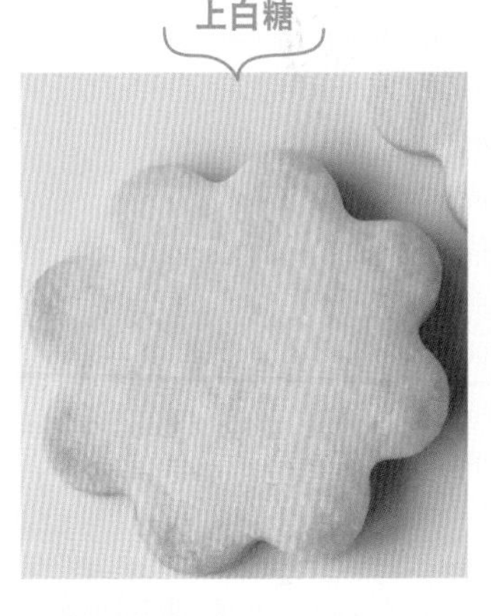

蔗糖

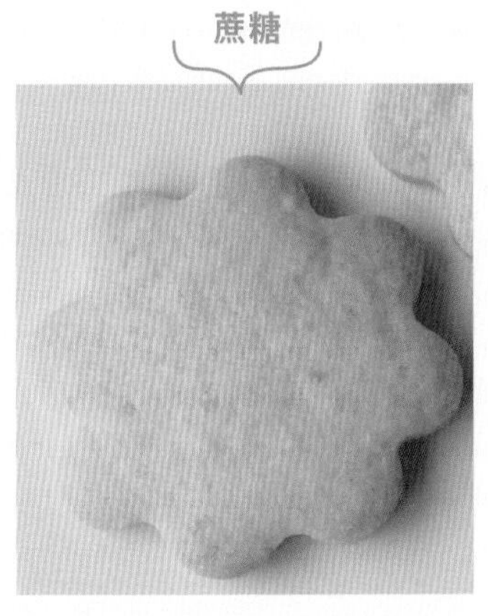

蜂蜜

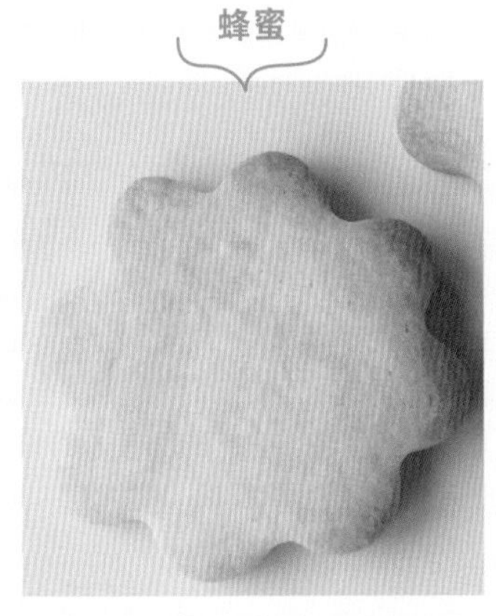

實驗材料（20～25片）

低筋麵粉——200g
砂糖——60g
鹽巴——少許
打散的蛋液——1/2顆
香草油——適量
無鹽奶油——100g

※ 把砂糖分別換成細砂糖、糖粉、上白糖、蔗糖、蜂蜜，做成五種餅乾來比較看看。

比較口感&風味

相較於口感比較粗糙的細砂糖和蔗糖，糖粉烤出來的餅乾口感酥鬆，一咬就化開。上白糖、蜂蜜的含水量較高，因此口感較濕潤，感覺放久一點還會更濕潤；尤其是蜂蜜，從攪拌麵糊時就黏乎呼的，不太好處理。若想享受餅乾特有的酥鬆爽脆、輕盈口感，建議使用糖粉、細砂糖、蔗糖來製作。另外，使用蔗糖和蜂蜜製作會有獨特的風味。

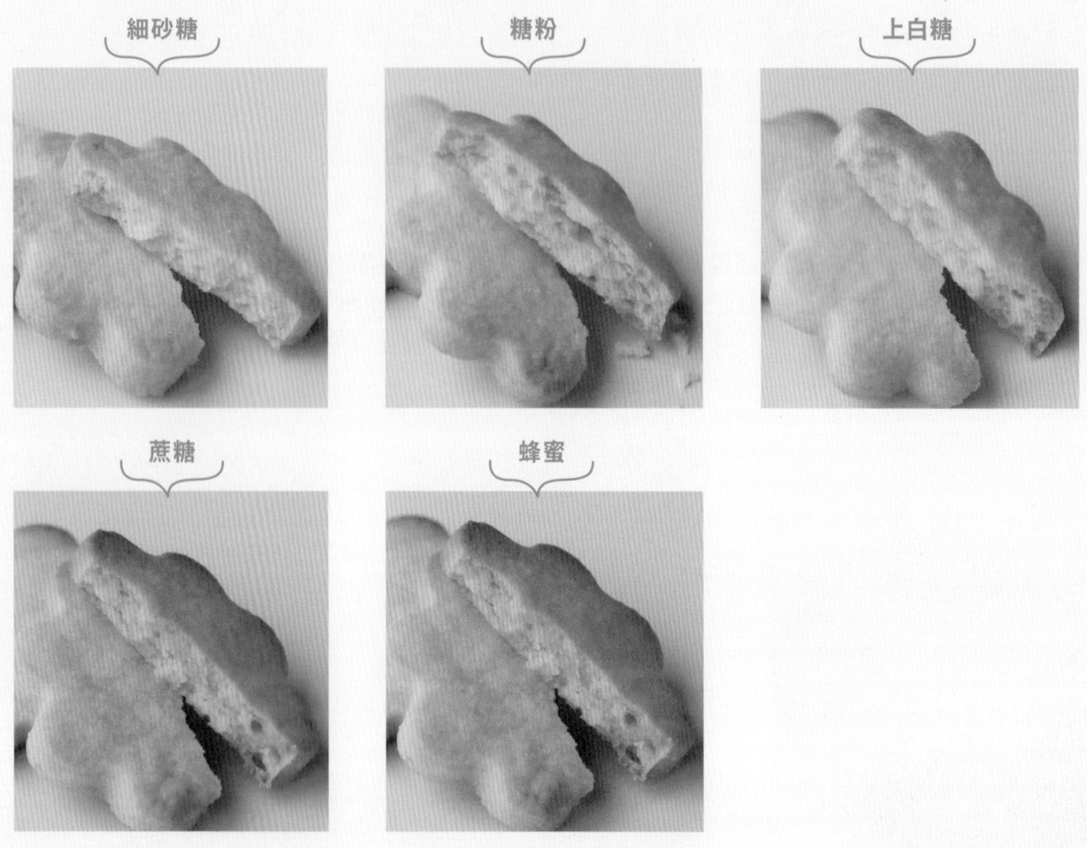

實驗結果

使用不同甜味料會明顯改變味道和口感

從實驗結果不難看出，使用其他甜味料不只改變外觀，在味道和口感上也會造成相當大的影響。這次是用造型餅乾來比較，但換成別的烘焙點心或和菓子或許又會出現不同的結果。

另外，經常有人問我：「可以用蜂蜜代替砂糖嗎？」蜂蜜的含水量比較高，所以在比例調整上較困難，爲此，建議盡量依照食譜上寫的使用砂糖來製作，但也不是「絕對」不能使用蜂蜜。如果家裡實在沒有砂糖，只有蜂蜜，也可以在調整分量的情況下使用。總之，鼓勵大家多方嘗試，更能找到自己喜歡的甜味。

用哪種蛋做餅乾最美味？用擠花餅乾來驗證！

各位在做餅乾時，是否想過「食譜上寫的是蛋黃，但我想用全蛋……」。以下，用擠花餅乾來試試看，改變用來做餅乾的「蛋」之後，做出來的成品會有哪些差異。

比較麵糊

相較於蛋白麵糊呈現出綿綿、白白的狀態，全蛋麵糊帶點淡淡的黃色，蛋黃的麵糊則更黃一點。基本上，麵糊除了顏色以外沒有太大的差別，不過用蛋黃做的麵糊在攪拌時會覺得比較沉。接著，就可以放進已經預熱至170° C的烤箱，烤13～14分鐘吧！

比較色澤

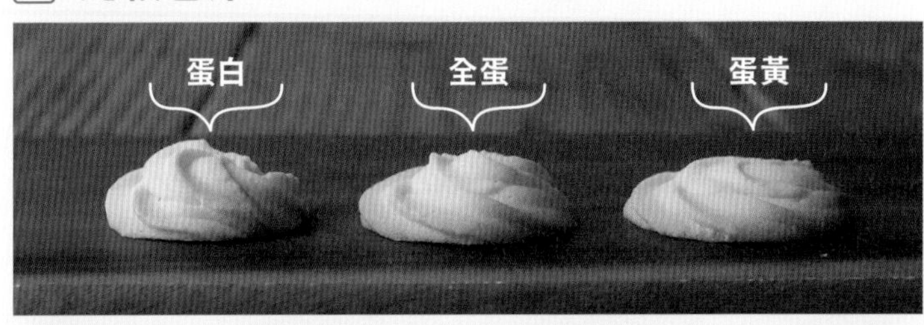

烘烤出來的色澤由淺至深，分別是蛋白、全蛋、蛋黃。至於高度，則是用蛋白做的麵糊最高，蛋黃的最平坦。花紋也是蛋白的麵糊維持得最好，烤得最漂亮。

比較口感&風味

蛋白

質地最硬，用手掰開時需要用點力。表面酥脆，整體呈現出爽脆的輕盈口感。蛋的風味較不濃郁，味道比較清爽些。

蛋黃

用點力就能輕鬆掰開。口感酥鬆，入口即化，甜度似乎比較高，蛋的風味也最明顯，呈現出濃郁的口感。

全蛋

口感和味道剛好介於兩者之間。沒有蛋黃那麼鬆軟，但是比較酥脆；蛋的風味也很迷人，呈現出最平衡的味道。

實驗材料（20～25片）

低筋麵粉──120g
蛋白──20g
糖粉──50g
無鹽奶油──80g
香草油──適量

※ 把蛋白換成全蛋、蛋黃，分別以相同的配方來製作。

製作擠花餅乾建議使用蛋白或全蛋

根據實驗結果，發現把蛋分開來使用，無論外觀、味道、口感都會改變。其中，用蛋黃做的餅乾比較容易變形，很難保留擠花的形狀，因此不適合用來製作擠花餅乾。若想做出漂亮的餅乾形狀，建議使用蛋白或全蛋。

另外，由於蛋白餅乾的味道比較清爽，或許可以額外淋上巧克力或裹上糖霜，做成裝飾餅乾也不錯。在這個實驗中只替換了蛋的種類，如果再換掉砂糖或麵粉的種類，外觀或味道或許會更不一樣。

Basic 3

布丁

用雞蛋、牛奶、砂糖這三種最基本的材料，製作正統的布丁吧！
只要掌握住訣竅，就能成功做出口感滑順，讓人想一做再做的美味布丁。
這是一款非常適合新手的手工甜點！

PUDDING

材料（6個／中型布丁杯）

蛋——3顆
細砂糖——60g
牛奶——400ml

焦糖醬

- 細砂糖——50g
- 水——1大匙
- 熱水——3大匙

前置作業

- 牛奶和蛋恢復至常溫。
- 烤箱預熱至150°C。

Q1 爲什麼不能使用冷的蛋和牛奶？

A 蛋液的溫度若太低，需要更多時間才能加熱完全，可能會導致無法順利凝固。爲此，請使用恢復至常溫的蛋和牛奶製作。

製作焦糖醬。細砂糖和水倒進小鍋裡，以中火加熱至呈焦糖色。

Q2 加熱時，爲什麼不能用刮刀等工具攪拌？

A 加熱過程中若使用刮刀等工具攪拌，細砂糖會再結晶，變成白色混濁的固體。請待細砂糖溶解、變成咖啡色之後，再以搖晃鍋子的方式均勻加熱。

2

先關火，再加入熱水！

先關火再加入熱水，與焦糖拌匀後，再平均倒入布丁杯。

Q3 爲什麼要加入熱水？

A 加入熱水是爲了調整黏度，才能做成清清如水的焦糖醬。另外，餘溫會讓顏色愈來愈深，所以加入熱水後就不要再加熱了。

Q4 如果倒入模具前就凝固了，怎麼辦？

A 萬一焦糖醬凝固了，請重新開火，煮化後再趁熱倒入模具。

3

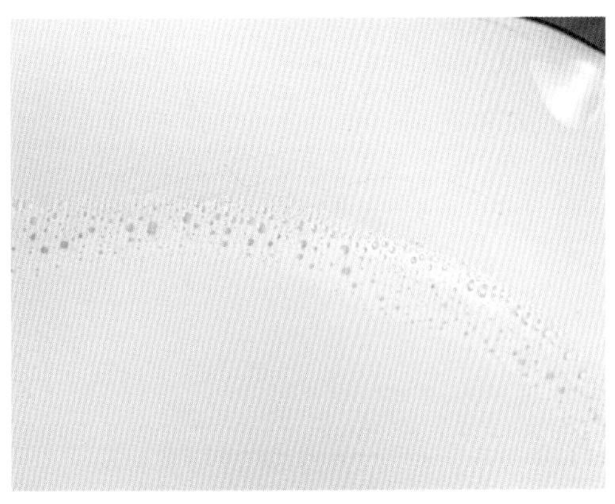

製作布丁液：將牛奶和細砂糖（一半的分量）倒進另一個鍋子裡，加熱至快要沸騰的狀態。

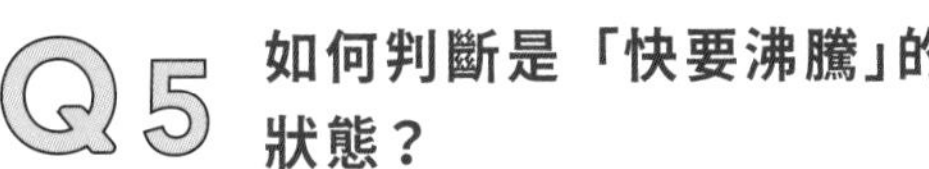

Q5 如何判斷是「快要沸騰」的狀態？

A 肉眼看水面仍平靜，但冒著蒸氣、鍋子邊緣浮現細小氣泡的狀態。

Point

牛奶一旦沸騰就會分離，如此一來，與蛋液混合時就可能會凝固，所以一定要用小火～中小火慢慢加熱，小心不要煮沸了。

4

把蛋打進調理碗中，加入剩下的細砂糖，攪拌均勻。

Point

請輕柔攪拌，盡量不要打到起泡。萬一讓空氣跑進去，出爐時布丁表面可能會呈不平滑的蜂窩狀。

5

加入❸混合拌勻，再用過濾器過濾。

6

把❺均等地倒進❷的杯子裡。

7

將6個杯子並排放在深一點的烤盤裡，注入熱水（另外準備）至杯子的1/3高度，再用錫箔紙完整包覆。最後，放入預熱至150°C的烤箱，以隔水加熱的方式烤30～40分鐘。

Q6 隔水加熱用的熱水，至少要幾度？

A 隔水加熱請使用50～60°C的熱水。萬一太熱，蒸烤時布丁液可能比較不容易熟。

8

從烤箱裡取出，先放涼，再放進冰箱冷藏2小時左右。

Q7 如何檢查和確認布丁已經熟了？

A 把布丁從烤盤中的熱水取出，輕輕搖晃，搖起來感覺很均勻就行了。若不容易用肉眼判斷，也可以插入竹籤，檢查布丁液有沒有流出來。

9

最後，把布丁盛入喜歡的容器就完成了。

Q8 如何從模具中完整地取出布丁呢？

A 用手指或湯匙按住布丁邊緣，擠出模具與布丁之間的空隙，再把刀子等工具插進空隙，轉一圈即可。

義式布丁

材料

（1個／17×8cm的磅蛋糕模具）

蛋——3顆

奶油起司——100g

牛奶——200ml

細砂糖——60g

香草油——適量

焦糖醬

細砂糖——40g

水——2小匙

熱水——2小匙

前置作業

- 牛奶放進600瓦的微波爐加熱1分鐘。
- 烤箱預熱至150°C。

作法

❶ 製作焦糖醬：細砂糖和水倒進鍋子裡加熱，煮至呈咖啡色後關火，加入熱水，再倒進模具裡，放涼備用。

❷ 製作布丁液：奶油起司放入調理碗中，攪拌至呈柔滑細緻狀；再加入細砂糖，充分攪拌均勻。

❸ 依序分3～4次加蛋，每次都要充分攪拌均勻。

❹ 加入牛奶、香草油，攪拌均勻後，一面用過濾器過濾，一面倒進❶的模具裡。

❺ 放在烤盤上，注入大量的熱水，放入預熱至150°C的烤箱，以隔水加熱的方式烤50～60分鐘。※若快烤出焦色，請蓋上錫箔紙喔！

❻ 從烤箱裡取出、放涼後放進冰箱裡完全冷卻；脫模，盛入容器就大功告成了。

Point

- 在製作焦糖醬的最後一步：加入熱水時，可能會濺出來，要小心別燙傷了。
- 視實際情況，調整加熱時間。

焦糖牛奶布丁

材料

(4個／120ml的玻璃容器)

牛奶──380ml

吉利丁粉──8g

水──2大匙

焦糖──12顆

裝飾用

鮮奶油(打到八分發)──適量

杏仁粒──適量

薄荷──適量

前置作業

- 把吉利丁粉放入水中，浸泡10分鐘左右，泡軟備用。
- 杏仁粒放入預熱至160°C的烤箱，加熱6～7分鐘左右。

作法

❶ 把牛奶、焦糖倒進鍋子裡，以小火加熱；小心不要煮到沸騰，但要讓焦糖充分融化。

❷ 待焦糖融化、快沸騰時就關火；接著，再加入泡軟的吉利丁，使其溶解。

❸ 倒進容器裡；放涼後再放入冰箱，冷卻凝固。

❹ 再以鮮奶油、杏仁粒、薄荷裝飾，就大功告成了。

Point

- 牛奶煮沸會導致乳清蛋白分離，加熱時要特別注意火候。
- 也可用顆粒狀的吉利丁取代吉利丁粉，但顆粒狀的用法和分量與粉狀不同，使用前請詳閱說明書。

巧克力布丁

材料

(4個／200ml的玻璃容器)

牛奶巧克力——100g

牛奶——250ml

鮮奶油——100ml

細砂糖——1大匙

吉利丁粉——5g

水——2大匙

裝飾用

- 鮮奶油(打到八分發)——適量
- 巧克力米——適量
- 薄荷——適量

前置作業

- 把吉利丁粉放入水中，浸泡10分鐘左右，泡軟備用。

作法

❶ 牛奶、鮮奶油、細砂糖倒進鍋子裡，以小火加熱，煮至細砂糖融化。

❷ 快要沸騰時關火，加入剁碎的巧克力，充分攪拌，讓巧克力徹底融化。

❸ 加入泡軟的吉利丁，使其溶解。

❹ 倒進容器裡；放涼後再放入冰箱，使其冷卻凝固。

❺ 凝固後再以鮮奶油、巧克力米、薄荷做裝飾，就大功告成了。

Point

・小心別把牛奶和鮮奶油煮到沸騰。

黑芝麻豆漿布丁

材料

(4個／120ml的玻璃容器)

黑芝麻糊──2大匙
調味豆漿──300ml
鮮奶油──100ml
細砂糖──30g
吉利丁粉──5g
水──1大匙

裝飾用

鮮奶油(打到八分發)──適量
黃豆粉──適量
黑芝麻──適量

前置作業

- 把吉利丁粉放入水中，浸泡10分鐘左右，泡軟備用。

作法

❶ 黑芝麻糊放進鍋子裡，分次加入豆漿，充分攪拌均勻直到沒有結塊。
❷ 攪拌均勻後，加入細砂糖，開小火。小心別讓豆漿沸騰，煮至細砂糖融化後就關火。
❸ 加入泡軟的吉利丁，利用餘溫讓吉利丁完全溶解。
❹ 待吉利丁溶解，再用茶篩子過濾。
❺ 把❹的底部浸泡在冰水裡冷卻備用，再加入鮮奶油，攪拌至呈黏稠狀。
❻ 倒進容器裡，再放入冰箱，冷藏2小時左右。
❼ 冷卻凝固後再以鮮奶油、黃豆粉、黑芝麻做裝飾，就大功告成了。

Point

- 豆漿和牛奶一樣，一旦沸騰就會分離，加熱時要特別注意火候。
- 也可以用牛奶代替豆漿。
- 可依個人口味調整細砂糖的分量，以調整甜度。

南瓜布丁

材料

(4個／直徑8cm×高5cm的布丁杯)

南瓜──1/4個(350g)
蛋──3顆
牛奶──150ml
鮮奶油──100ml
細砂糖──50g

焦糖醬

細砂糖──50g
水──1大匙
熱水──2大匙

前置作業

- 去皮，剔除南瓜的種籽和瓤，切成適口大小。
- 熱水準備好備用。
- 烤箱預熱至160°C。

作法

❶ 南瓜放入調理碗中，蓋上保鮮膜(不用緊密包覆)，放進600瓦的微波爐加熱4分鐘左右，再趁熱用搗碎器搗成泥。

❷ 蛋打進另一個調理碗中，加入細砂糖，攪拌均勻；再分次加入牛奶、鮮奶油，混合拌勻。

❸ 分次把❷加到❶裡，攪拌至呈柔滑細緻狀再過篩，均等倒進布丁杯裡，蓋上錫箔紙。

❹ 排在不鏽鋼盤裡，再把不鏽鋼盤放入烤盤，注入1～2cm高的熱水(另外準備)，放進預熱至160°C的烤箱，以隔水加熱的方式烤40分鐘。烤完後放涼，再放進冰箱冷藏。

❺ 製作焦糖醬：細砂糖和水倒進小鍋裡，開火，以中火煮至呈焦糖色後關火；加入熱水，攪拌均勻就完成了。待布丁冷卻，再淋上焦糖醬就大功告成了。

Point

・南瓜過篩，可做出更柔滑細緻的口感。

香蕉布丁

材料

(4個／直徑8cm×高5cm的布丁杯)

香蕉——2根(240g)

牛奶——150ml

裝飾用

鮮奶油(打到八分發)——適量

牛奶巧克力——20g

作法

❶ 預留少量裝飾用的香蕉，切成薄片；剩下的香蕉切成2～3cm寬，放進600瓦的微波爐加熱2分30秒。

❷ 把加熱後的香蕉、牛奶放進果汁機裡充分打碎。

❸ 把❷平均倒入4個布丁杯中，再放入冰箱冷藏2～3小時左右，使其凝固。

❹ 依個人喜好放上鮮奶油、切成薄片的香蕉、巧克力做裝飾，就大功告成了。

Point

- 香蕉完全熟成後會產生大量褐色斑點，會影響成品顏色，因此不建議使用過熟的香蕉。如果買回來的香蕉很硬尚未熟成，可比照❶的步驟，先用微波爐加熱，只要加熱到香蕉出水、稍微變形就行了。
- 用果汁機攪拌至泥狀，口感會更好。如果沒有使用果汁機，在步驟❷時務必徹底攪拌均勻。
- 可視實際情況，調整冷卻凝固的時間。

爲什麼甜點都要加蛋？認識蛋的特性

蛋，是製作甜點時不可或缺的材料之一，也是料理時經常會使用的食材。
爲什麼蛋這麼好用呢？不妨認識一下關於蛋的三個特性吧！

乳化性

蛋黃中的卵磷脂，具有能夠中和油水，把水和油連接起來的「乳化性」作用。奶油等油脂融合後就不會再油水分離，能使麵團變得更安定，做出濕潤又溫和的口感。奶油蛋糕或冰淇淋都是發揮乳化性的代表甜點。

熱凝固性

蛋具有可以藉由加熱，讓蛋白質變硬的「熱凝固性」。凝固的溫度或狀態依蛋白或蛋黃而異，蛋白到了58°C就會開始凝固，到了80°C會完全變硬；蛋黃要65°C才開始凝固，但70°C就會完全變硬。不只煎蛋或蒸蛋等蛋料理，布丁和卡士達醬也都會利用到蛋的熱凝固性。

起泡性

蛋白的蛋白質具有降低水的表面張力、促進發泡的性質，稱為「起泡性」。氣泡接觸到空氣會導致蛋白質變硬，使氣泡變得穩定。這時可藉由加熱來讓空氣膨脹，讓麵團變得蓬鬆柔軟。利用起泡性讓麵糊充分發泡，就能讓海綿蛋糕或戚風蛋糕漂亮的膨脹起來。

改變奶・蛋・糖的比例會如何？用布丁來驗證！

喜歡口感軟一點、還是口感硬一點的布丁呢？只要調整牛奶、蛋、砂糖的比例，就能創造出不同的口感！以下，讓我們分別採用四種不同的比例，來看看布丁的外觀、口感和風味會有什麼樣的變化吧！

比較外觀

牛奶 200ml・砂糖 50g

200ml可以說是布丁的黃金比例，以這個比例做出來的布丁能輕易地用湯匙戳進去，拿起來搖晃則是稍微晃動。可維持完美外觀，但也不會給人「硬布丁」的感覺。

牛奶 150ml・砂糖 35g／牛奶 100ml・砂糖 25g

150ml和100ml的布丁比較硬，湯匙戳進去時有點困難，但舀起來時不會變形。

牛奶 300ml・砂糖 75g

300ml的布丁由於蛋的分量最少，用湯匙舀起來時最軟，感覺入口即化。雖然不至於變形，但確實軟到有點難脫模。另外，或許是因為牛奶的占比太高，顏色似乎比其他布丁淺一些。

實驗材料（3～4個／布丁杯）

蛋——2顆
牛奶——200ml
砂糖——50g
香草油——適量

焦糖醬

細砂糖——30g
水——2小匙
熱水——2大匙

※ 布丁的黃金比例是牛奶：蛋：砂糖＝2：1：0.5。以此為基準，不改變蛋的分量，僅更改牛奶和砂糖的用量來製作。

比較口感&風味

牛奶300ml· 砂糖75g

300ml的布丁一放入口中就立刻化開，口感相當滑順。比起蛋的風味，更能清楚感受到奶香味，甜度也極為柔和。

牛奶200ml· 砂糖50g

200ml的布丁雖然不到入口即化，但口感仍十分滑順。用舌頭輕輕頂一下，就會輕鬆在口中化開。蛋和牛奶的比例也恰到好處，無疑是「正統布丁」的感覺。

牛奶150ml· 砂糖35g

150ml的布丁表面光滑，充滿光澤，放入口中品嚐有扎實的彈性，口感偏硬。吃不太出來奶香味，是蛋的風味比較濃郁的布丁。

牛奶100ml· 砂糖25g

100ml的布丁富有嚼勁，必須仔細咀嚼，甚至會覺得有點硬了。牛奶的比例最低，因此蛋的風味非常強烈，甜度也很低。若想用這個比例來製作，或許多加點糖會比較好。

不只硬度改變，就連顏色和風味都會有很大差異

實驗結果，發現稀釋度愈高，蛋的熱凝固性愈強。如果想做出可以從模具裡拿出來放在容器裡的硬度，牛奶的分量至少要和蛋一樣或是2倍；如果是想直接裝在模具裡，用湯匙挖來吃，請用3倍的牛奶來製作。

另外，要特別注意若牛奶的比例高於3倍時，蛋的風味會被稀釋掉，吃起來就不像布丁了。建議如果想製作同時擁有奶香和蛋香的布丁，可以只使用蛋黃，以增添蛋的風味。

這次是調整蛋、奶、糖的比例實驗，也可以嘗試使用牛奶和鮮奶油、試著多加入蛋黃，我想，做出來的風味和口感可能又不一樣了。

每個人喜愛的口感不盡相同，有人喜歡硬一點的、有人喜歡滑順的，不妨參考蛋的性質和實驗結果，挑戰製作自己喜歡的布丁吧！

凝固劑（吉利丁、寒天、洋菜粉）的種類

製作甜點時，凝固劑扮演著重要角色；顧名思義，凝固劑可將液體變成固狀，從而創造出甜點的造型及口感。以下，爲各位介紹幾種常見的凝固劑。

洋菜粉

這是從海藻中萃取出來的膳食纖維洋菜為原料，所做成的植物性凝固劑。能溶解於90°C以上的液體，30～40°C就會凝固，在常溫下也不易變形，所以即使是炎炎夏日，也不用擔心會溶解變形。另外，透明度比吉利丁和寒天高出許多，適合用來製作想凸顯素材顏色的梅子果凍，或色彩繽紛的果凍等。

注意事項

洋菜粉非常容易結塊，一定要先與砂糖拌勻。如果食譜中不使用砂糖，請一邊攪拌液體，一邊慢慢加入洋菜粉，以免結塊，務必充分攪拌均勻再加熱。可溶解在90°C以上的液體，然而一旦沸騰，凝固力會變差，要特別留意。

寒天

這是以石花菜、紅藻等海藻所製成的凝固劑，富含膳食纖維且熱量低。可在常溫下凝固，因此也不用擔心會變形。凝固力優於洋菜粉、吉利丁，只要一點點就能凝固大量液體。有分成寒天棒、寒天絲和寒天粉等不同形狀，使用方式也各異。透明感及彈性較低，建議用來製作杏仁豆腐或水羊羹等甜點。

注意事項

不耐強酸，若要加入酸性物質，請放涼之後再加進去並迅速拌勻。另外，若直接在果汁或牛奶裡加入泡軟的寒天熬煮，會無法順利溶解，得先把寒天加到水裡煮化成寒天液；尤其是牛奶，若寒天液還很熱時就加入牛奶，牛乳成分會遇熱凝固，要特別注意。

吉利丁

吉利丁是最常見的凝固劑之一。水溶性、加熱會溶化，遇冷則會凝膠化。具有保護氣泡不被破壞的特性，適合用來製作慕斯或棉花糖等口感輕盈的甜點。

注意事項

使用溫水無法充分軟化吉利丁，一定要使用冷水。吉利丁不耐熱，加入沸騰的液體或煮沸吉利丁的液體時，可能會產生臭味，並降低凝固力。用來溶解吉利丁的液體需為50～60°C，且加入吉利丁後不可以再加熱。

最適合吉利丁粉的水量為何？試試看不同的含水量！

「明明按照食譜做了，做出來的布丁口感，卻不是我喜歡的……。」各位可曾有過這樣的疑問？以下使用三種不同的牛奶比例，看看改變水分含量之後，布丁會有什麼變化吧！

比較外觀

用水量最少的100ml所製作的布丁，即使搖晃，表面也不太會有波動，但用湯匙舀起來還能保持形狀。150ml的布丁則會稍微搖晃；200ml的布丁輕輕一搖就會晃得很嚴重，質地非常軟嫩。

比較口感&風味

放入口中咀嚼時感覺十分滑順，但有點硬，口感扎實彈性，蛋香濃郁。

口感滑溜水嫩，一下子就吞下去了。軟到用舌頭就能輕鬆壓扁，口感絕佳，是蛋奶比例最好的作法。

放入口中瞬間融化、散開。牛奶的風味比蛋還強烈，甜度清爽又柔和。

實驗材料（2個／布丁杯）

牛奶──150ml
蛋──1顆
細砂糖──20g
香草精──2滴
吉利丁粉──2g
水──2小匙

※牛奶的分量分別改成100ml、150ml、200ml來製作。

實驗結果

2g的吉利丁粉，最多可以用到200ml的水分

已知水量愈多，可做出愈軟嫩的布丁，但水量不只會影響硬度，就連風味也會產生相當大的差別。

實驗結果，發現2g的吉利丁粉，最多可以用到200ml的水分，能做出口感恰到好處的布丁；若是再增加水分，可能就不容易凝固了。反之，由於吉利丁具有強烈的彈性和黏性，萬一水量太少，成品就容易偏硬，要特別注意。總之，建議配合用途及喜好進行水量調整，但建議是落在100ml～200ml之間。

這次使用的凝固劑是吉利丁粉，那麼使用不同的凝固劑，布丁的完成品狀態會不一樣嗎？

什麼最適合用來代替吉利丁？試試看用不同凝固劑做布丁！

讓我們分別用吉利丁、寒天、洋菜粉來製作布丁，看看口感和外觀有哪些不同吧！

比較外觀

用吉利丁、洋菜粉來做的布丁，表面富有光澤，感覺十分水嫩。相較之下，用寒天做的布丁比較沒有光澤感。

比較口感&風味

有恰到好處的彈性，橫切面也很光滑。放入口中會慢慢融化，甜度也較高。

比用吉利丁做的布丁更硬一些。插入湯匙時會有點困難，橫切面也凹凸不平。口感有恰到好處的嚼勁，需細細咀嚼，並非入口即化，感覺比較清爽不甜膩。

用洋菜粉做的布丁與用寒天做的布丁類似，口感偏硬，但能保持挺拔的形狀，表面富有光澤。口感剛好介於吉利丁與寒天之間，吃起來滑溜有彈性。

實驗材料

吉利丁（2個／布丁杯）

牛奶──150ml
蛋──1顆
細砂糖──20g
吉利丁粉──2g
水──2小匙

寒天（2個／布丁杯）

牛奶──150ml
蛋──1顆
細砂糖──20g
寒天──1g

洋菜粉（2個／布丁杯）

牛奶──150ml
蛋──1顆
細砂糖──20g
洋菜粉──2g

實驗結果

配合甜點屬性，巧妙使用不同的凝固劑

由此可見，每種凝固劑的特性和做出來的成品都不一樣。其實，也不是不能用洋菜粉或寒天來代替吉利丁，只是做出來的成品完全不一樣。另外，不同凝固劑的用法及適合的水量也都不一樣，所以用其他凝固劑替代吉利丁時必須調整用量，不可以直接替換。

Basic 4

海綿蛋糕

把整顆蛋和砂糖一起打到起泡，就能做出鬆軟濕潤、口感輕盈軟的海綿蛋糕，
不論跟哪種奶油或水果都相當對味。
不妨試著在紀念日或有特別活動的日子，動手做做看吧！

SPONGE CAKE

材料（1個／15cm的圓形模具）

蛋——2顆
細砂糖——60g
低筋麵粉——60g
牛奶——1大匙
無鹽奶油——20g

前置作業

- 牛奶與奶油放進耐熱容器中，以隔水加熱或用微波爐加熱，讓奶油融化。
- 把烘焙紙鋪在模具裡。
- 烤箱預熱至180°C。

Q1 為什麼要先用隔水加熱的方式融化奶油呢？

A 奶油和牛奶在冰冷的狀態下，無法與麵糊融合，所以務必先融化之後再加進去。

1

蛋打散放在調理碗中，加入細砂糖，仔細攪拌均勻。

2

一邊攪拌，一邊隔水加熱至人體皮膚的溫度。

Q2 為什麼要加熱至人體皮膚的溫度？

A 蛋黃若處在冰冷狀態很難打發，但若加熱至太熱，蛋會凝固、失去筋性。加熱至人體皮膚的溫度最恰到好處、最容易打發，所以加熱到人體皮膚的溫度時，就要立刻從熱水裡拿開。

Q3 人體皮膚的溫度大概是多少呢？

A 滴一點麵糊在手背上，只要不覺得太冷或太熱就可以了。

3

從熱水裡拿出來，以高速的電動攪拌器打至起泡。

Point

調理碗斜著拿，可以增加受力面積；搭配電動攪拌器均勻攪拌麵糊，就能迅速打發了。

4

體積增加、變得白白稠稠的之後，改為低速，繼續攪拌2分鐘，調整麵糊的質地。

如何判斷已是「白白、稠稠」的狀態？

A 徹底打發到拿起電動攪拌器、滴落麵糊時，滴落在表面的痕跡很快就消失的程度，就可以了。

Q5 爲什麼打到一半要改用低速攪拌？

A 以高速攪拌的麵糊，其氣泡大小會不一，烘烤時會烤出質地粗糙的蛋糕。改由低速攪拌，能讓氣泡的大小變得細緻均勻，才能做出紋理細緻的海綿蛋糕喔！

5

以過篩的方式加入低筋麵粉，並用橡皮刮刀從底部舀起來的「翻拌」方式，充分攪拌均勻。

Q6 爲什麼低筋麵粉一定要過篩？

A 低筋麵粉要過篩才不會結塊；除了防止結塊，過篩還能讓麵粉含有空氣，做成更柔順的麵糊。

Point

若以畫圓的方式攪拌，容易攪拌過頭產生「麩質」，如此一來，烘烤時就無法漂亮地膨脹起來，會烤得硬邦邦的。因此，請務必以翻拌的方式攪拌喔！

Point

然而，若攪拌的動作太小，接觸到麵糊的次數就會變多，而這是破壞氣泡的原因之一。爲此攪拌時，請以大一點的動作、少一點的次數完成。

攪拌至不再有粉末狀後，加入已用隔水加熱好的奶油和牛奶，稍微攪拌一下。

如何判斷麵糊已經攪拌好了？

A 攪拌至奶油和牛奶完全融合，整個麵糊看起來充滿光澤就可以了。

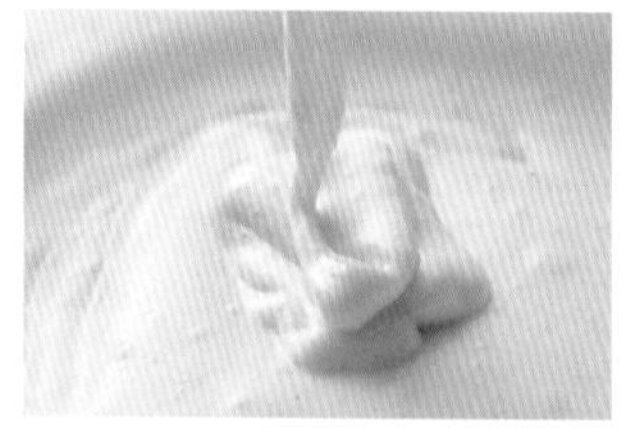

Point

加入油脂後，氣泡很容易受到破壞，所以請加大攪拌動作，並減少攪拌次數。

7

麵糊倒進模具中，再放入預熱至180°C的烤箱，烤20～25分鐘。

8

烤好之後，倒扣在蛋糕冷卻架上，在包著烘焙紙的情況下放涼；冷卻後，再撕去烘焙紙。

Q8 什麼時候可以把蛋糕從模具裡取出？

A 直接留在模具裡放涼，可能會發生烤後回縮的情形，因此烤好後請立刻從模具裡取出。

Point

海綿蛋糕出爐後，請連同模具從10cm左右的高度，往作業臺上摜，以排出多餘的水蒸氣，這麼做可以防止烤後回縮變形，影響蛋糕的外觀。

巧克力海綿蛋糕

材料

(1個／15cm的圓形模具)

低筋麵粉——50g
可可粉——10g
蛋——2顆
細砂糖——70g
牛奶——1大匙
無鹽奶油——10g

Point

- 徹底打發後再將電動攪拌器轉爲低速，調整麵糊的質地，如此能做出口感極佳的海綿蛋糕。
- 加入奶油和牛奶後若攪拌過頭，可能會破壞打發的氣泡，請特別小心。
- 加入可可粉後，請迅速攪拌均勻，以免結塊。

作法

❶ 把蛋打散在調理碗中，加入細砂糖，充分攪拌均勻。
❷ 一邊攪拌，一邊隔水加熱至人體皮膚的溫度。
❸ 把調理碗從熱水裡取出，以高速的電動攪拌器打到起泡。
❹ 打到麵糊體積增加、變得白白稠稠的之後，改為低速，繼續攪拌2分鐘左右，調整麵糊的質地。
❺ 以過篩的方式加入低筋麵粉、可可粉，用橡皮刮刀從底部舀起來，以翻拌的方式攪拌均勻。
❻ 攪拌至不再有粉末狀後，加入已用隔水加熱好的奶油和牛奶，稍微攪拌一下。
❼ 麵糊倒進模具中，再放進預熱至180°C的烤箱烤20～25分鐘。烤好之後，倒扣在蛋糕冷卻架上，在包著烘焙紙的情況下放涼，冷卻後再撕去烘焙紙。

前置作業

- 牛奶與奶油放進耐熱容器中，以隔水加熱或用微波爐加熱，讓奶油融化。
- 把烘焙紙鋪在模具裡；烤箱預熱至180°C。

米粉海綿蛋糕

材料

（1個／15cm的圓形模具）

蛋——2顆
細砂糖——60g
米粉——60g
牛奶——1大匙
米油——1大匙

Point

- 隔水加熱可讓蛋比較容易打出氣泡。然而，如果熱水的溫度太高，氣泡會變得太大，質地也會變得太粗。請以50～60°C的熱水加熱。
- 這個食譜使用的是烘焙用米粉。做出來的感覺可能會依使用的米粉而異，因此建議盡量使用烘焙用米粉。

作法

❶ 把蛋打散在調理碗中，加入細砂糖，充分攪拌均勻。

❷ 一邊攪拌，一邊隔水加熱至人體皮膚的溫度。

❸ 把調理碗從熱水裡取出，以高速的電動攪拌器打到起泡。打到體積增加、變得白白稠稠的之後，改為低速，繼續攪拌2分鐘左右，調整麵糊的質地。

❹ 以過篩的方式加入米粉，用橡皮刮刀從底部舀起來，以翻拌的方式攪拌均勻。

❺ 攪拌至不再有粉末狀之後，加入已用隔水加熱好的米油和牛奶，稍微攪拌一下。

❻ 麵糊倒進模具中，再放進預熱至180°C的烤箱烤20～25分鐘。烤好之後，倒扣在蛋糕冷卻架上，在包著烘焙紙的情況下放涼，冷卻後再撕去烘焙紙。

前置作業

- 牛奶與米油放進耐熱容器中，以隔水加熱或用微波爐加熱備用。
- 把烘焙紙鋪在模具裡；烤箱預熱至180°C。

義式圓頂蛋糕

材料

(1個／直徑15cm約500ml的玻璃碗)

海綿蛋糕(5號)——2片
鮮奶油(47%)——100ml
細砂糖——2小匙
吉利丁粉——3g
水——2大匙
草莓——15～20顆

裝飾用

鮮奶油(47%)——100ml
細砂糖——2小匙
草莓——20顆
香葉芹——適量
覆盆子果乾——適量

前置作業

- 吉利丁粉放入水中浸泡大約10分鐘,將其泡軟。

作法

❶ 海綿蛋糕先從中切成兩片,再把每片切成6等分。
❷ 鋪滿於玻璃碗中。
❸ 鮮奶油、細砂糖放入另一個調理碗中,充分打發。
❹ 加入泡軟的吉利丁,仔細攪拌均勻。
❺ 在❷裡加入1/3的❹,放入草莓。
❻ 均勻塗上❹,放上草莓,再把剩下的❹全部倒進去。
❼ 放上另一片切成直徑12cm的海綿蛋糕,再罩上保鮮膜,放進冰箱裡冷藏。
❽ 將❼倒扣在盤子裡,塗滿裝飾用的鮮奶油。
❾ 再以草莓、香葉芹、覆盆子點綴,就大功告成了。

Point

- 吉利丁可以凝固鮮奶油,使其較容易切分。若沒有吉利丁,也可只用鮮奶油,但要徹底冷卻後再切分。
- 海綿蛋糕的大小請配合調理碗的尺寸裁切。
- 鮮奶油若打得太發,口感會變得很粗糙,要特別小心不要打發過頭了。

蛋糕捲

材料

(1個／27cm的蛋糕捲模具)

蛋——3顆

細砂糖——70g

低筋麵粉——70g

牛奶——2大匙

無鹽奶油——10g

鮮奶油(47%)——200ml

細砂糖——15g

Point

- 徹底打發後，改爲低速攪拌，調整麵糊質地，就能做出口感極佳的海綿蛋糕。
- 加入奶油和牛奶後若攪拌過頭，會破壞打發的氣泡，請留意。
- 由於烤箱的火候依機種而異，請視實際情況進行調整。

前置作業

- 牛奶與米油以微波爐或隔水加熱備用。
- 把烘焙紙鋪在模具裡。
- 烤箱預熱至180°C。

作法

❶ 蛋和細砂糖放入碗中，稍攪拌；一邊攪拌一邊隔水加熱至人體皮膚的溫度。

❷ 把調理碗從熱水裡取出，以高速的電動攪拌器打到變得白白、稠稠的；舉起攪拌器、滴落麵糊時若會留下痕跡，就改以低速攪拌1分鐘左右，調整麵糊的質地。

❸ 以過篩的方式加入低筋麵粉，一邊轉動調理碗，一邊用橡皮刮刀從底部舀起來，攪拌到不再有粉末狀為止。

❹ 加入已加熱的奶油和牛奶，用橡皮刮刀攪拌至呈光澤狀。

❺ 麵糊倒進模具裡、抹平，讓麵糊均勻流到四個角落。

❻ 將模具摜在作業臺上2～3次，排出空氣，再放入烤箱烤10～12分鐘；烤好後脫模，放在乾淨的烘焙紙上靜置放涼。

❼ 鮮奶油、細砂糖放入碗中，用電動攪拌器打到八分發。

❽ 斜斜切掉冷卻❻的邊緣(約1cm)，再均勻塗上❼。

❾ 製作蛋糕捲：讓提起的烘焙紙與作業臺平行，捲起來。

❿ 捲好後壓上擀麵棍，拉扯烘焙紙的邊緣，調整形狀。

⓫ 兩端包上保鮮膜以防乾燥，放進冰箱冷藏1小時以上；之後取出，切成喜歡的大小就完成了。

巧克力蛋糕捲

材料

（1個／27cm的蛋糕捲模具）

蛋——3顆
細砂糖——60g
低筋麵粉——50g
可可粉——10g
牛奶——2大匙
無鹽奶油——15g

巧克力奶油

牛奶巧克力——50g
鮮奶油（47％）——100ml
細砂糖——20g

前置作業

- 烤箱預熱至180°C。
- 把蛋放在室內，恢復至常溫。
- 把烘焙紙鋪在模具上
- 將牛奶與奶油放進耐熱容器中，以隔水加熱或用微波爐加熱，讓奶油融化。

作法

❶ 把蛋放入調理碗中打散。
❷ 把所有細砂糖倒入碗中，隔水加熱，一邊攪拌一邊加熱至人體皮膚的溫度。把調理碗從熱水裡取出，以高速的電動攪拌器打發到變得白白、稠稠的為止；再轉低速攪拌2分鐘左右，調整麵糊的質地。
❸ 以過篩的方式加入低筋麵粉、可可粉，用橡皮刮刀以翻拌的方式攪拌均勻。
❹ 攪拌至不再有粉末狀後，加入融化的奶油和牛奶，攪拌勻勻。
❺ 攪拌至麵糊整體呈光澤狀後，倒進模具裡。
❻ 將模具摜在作業臺上2～3次，排出空氣，放入預熱至180°C的烤箱，烤12～13分鐘。
❼ 烤好之後，立刻從模具裡拿出來、撕掉烘焙紙，表面緊緊地包上保鮮膜，以防乾燥。放在另外一張乾淨的烘焙紙上，靜置放涼。
❽ 製作巧克力奶油：將巧克力放入調理碗中，以隔水加熱或用微波爐加熱，溶解巧克力。
❾ 把鮮奶油和細砂糖放入另一個調理碗中，打到六分發。
❿ 在❽裡加入2～3大匙的❾，攪拌均勻後，再倒回❾的調理碗，充分混合攪拌均勻，繼續打到七分發。
⓫ 斜斜地切掉冷卻的蛋糕體邊緣（約1cm），均勻抹上巧克力奶油，靠近自己這邊塗厚一點、前面塗薄一點，再從靠近自己這邊往前面捲起來。
⓬ 捲好之後，用烘焙紙包起來，接縫處朝下，放進冰箱，徹底冷藏備用。
⓭ 冷卻之後切除兩端，再斜斜地切掉其中一邊約2～3cm；最後，切成喜歡的大小就大功告成了。

Point

・請徹底打發之後，再將電動攪拌器轉爲低速運轉，以調整麵糊質地，這樣就能做出口感極佳的海綿蛋糕。
・加入奶油和牛奶後若攪拌過頭，可能會破壞打發的氣泡，請特別小心。

法式草莓蛋糕

材料

(1個／12cm的圓形模具)

海綿蛋糕(5號)——2片(1cm厚)
草莓——20顆
無鹽奶油——60g

卡士達醬

- 蛋黃——2顆
- 細砂糖——20g
- 低筋麵粉——20g
- 牛奶——150ml
- 香草油——適量

糖漿

- 水——1大匙
- 細砂糖——10g
- 利口酒——1小匙

覆盆子果膠

- 覆盆子果泥——50g
- 細砂糖——10g
- 檸檬汁——1小匙
- 吉利丁粉——3g
- 水——1大匙

裝飾用

- 草莓——2～3顆
- 藍莓——5顆

前置作業

- 把蛋放在室內，恢復至常溫。
- 用直徑12cm的模具為海綿蛋糕塑形。
- 吉利丁粉均勻撒在冷水裡，浸泡約5分鐘。
- 草莓洗乾淨，瀝乾水分、切掉蒂頭備用。
- 把烘焙紙鋪在在模具上。

作法

❶ 製作卡士達醬：把蛋黃、細砂糖放入調理碗中，攪拌至呈白色狀。
❷ 加入低筋麵粉，攪拌到不再有粉狀感，再分次加入牛奶；每次都要充分拌勻。
❸ 加入香草油，攪拌均勻後，鬆鬆地罩上保鮮膜，放進600瓦的微波爐加熱50秒。取出，攪拌均勻，再以600瓦的微波爐加熱50秒。
❹ 取出，攪拌均勻，移到不鏽鋼盤裡。用保鮮膜緊緊地罩住表面，放上保冷劑，使其急速降溫。
❺ 將恢復常溫的奶油放入另一個調理碗中，用電動攪拌器充分攪拌至呈柔滑細緻狀。
❻ 將徹底冷卻的卡士達醬倒進另一個調理碗中，攪拌至呈柔滑細緻狀為止。
❼ 分多次把❻加到❺裡；每次都要充分攪拌均勻，再裝進擠花袋。
❽ 製作糖漿：細砂糖、水、利口酒倒入調理碗中，放進600瓦的微波爐加熱30秒；取出，仔細攪拌均勻，讓細砂糖融解。
❾ 在底部為活動式的12cm圓形模具裡，放入1片海綿蛋糕，再用刷子刷上一半的糖漿。
❿ 把草莓直切成兩半，以橫切面朝向外側的方式貼在蛋糕周圍。
⓫ 蛋糕中間也要放上草莓。
⓬ 以填滿空隙的方式，擠入❼的卡士達醬。
⓭ 抹平卡士達醬，放上另一片海綿蛋糕，再淋上剩下的糖漿。
⓮ 把剩下的卡士達醬擠上去、抹平，暫時放進冰箱裡冷藏。
⓯ 製作覆盆子果膠：覆盆子果泥、細砂糖、檸檬汁全部倒進小鍋裡，以小火～中小火加熱。
⓰ 加熱到快要沸騰時，加入泡軟的吉利丁，使吉利丁徹底融化。
⓱ 待吉利丁融化後，把鍋子從瓦斯爐上移開，直接整鍋浸泡在冰水裡，充分攪拌均勻。
⓲ 待⓱變得稍微濃稠之後，淋在⓮上，再放回冰箱裡冷卻凝固。
⓳ 把蛋糕從模具裡取出來，再以草莓、藍莓裝飾點綴，就大功告成了。

Point

- 請視實際情況調整微波爐的加熱時間。
- 卡士達醬加熱後請不要就那樣放著，要立刻移到調理碗或不鏽鋼盤裡，並用保鮮膜緊密覆蓋，再放上保冷劑，使其急速冷卻。
- 泡軟吉利丁時，務必是將吉利丁粉均勻撒在冷水裡；如果是反向操作，把冷水加到吉利丁裡，可能會軟化不完全。

砂糖的作用

雖然現在都倡導減糖，但砂糖在製作甜點時有五個無可取代的作用。
認識砂糖的主要作用，就能根據自身所需調整適切的砂糖用量，製作出理想的甜點哦！

讓甜點變得濕潤

砂糖具有「保水性」，可將水分鎖在食材內部。製作麵糊時，使用砂糖可以預防乾燥，做出濕潤的麵團。

延長保存期限

砂糖具有帶出食材內部水分的「脫水作用」，好比果醬就是利用了此性質。加熱前先把砂糖撒在水果上，能把果實細胞中的水分帶出來，有助於延長保存期限。

穩定氣泡

砂糖能留住蛋白或鮮奶油內含的水分，因此能製造出紋理細緻又穩定的氣泡。

讓表面呈現焦色

砂糖加熱後會產生褐色物質，此為「梅納反應」。烤布蕾表面焦糖化、為烘焙甜點製造焦色，就是利用這種特性。

緩和蛋白質的凝固性

砂糖具有抑制蛋白質遇熱變性凝固的性質。為此，製作布丁時，多放一點砂糖能提高凝固的溫度，變得比較不容易凝固，從而可做出更柔順、更滑嫩的口感。

砂糖可以減量到多少？用杯子蛋糕來驗證！

製作甜點時絕對少不了砂糖，不過有鑑於健康意識抬頭，應該有不少人想要盡可能減少砂糖的使用。那麼究竟可以減少到多少，但又不至於影響甜點的外觀和風味呢？

比較高度

我們分別用砂糖100%(30g)、70%(20g)、30%(10g)的比例，來製作杯子蛋糕。結果是，砂糖愈多的麵糊，膨脹得愈高。砂糖具有提高氣泡穩定度的作用，因此砂糖愈多的麵糊，氣泡愈不容易受到破壞，當然做出來的杯子蛋糕也更有分量。

比較烘烤色澤

砂糖100%(30g)、70%(20g)的大小並沒有差很多，且兩者都烤出非常漂亮的顏色。砂糖30%(10g)烤出來的顏色比較淺。由此可證，砂糖的量愈多，因梅納反應會製造出更多的褐色物質、烤出更深的顏色。

比較口感

砂糖30%(10g)的杯子蛋糕質地緊實、口感較硬;吃到嘴中感覺沙沙的,也比較沒有甜味,味道相當清淡。至於砂糖100%(30g)的蛋糕,則比較濕潤,口感也比較輕盈,會在嘴巴裡舒服地化開。砂糖70%(20g)的蛋糕沒有100%的蛋糕那麼濕潤,質地相對比較扎實。

實驗材料 (4個/瑪芬模具)

蛋——1顆
砂糖——30g
低筋麵粉——30g
無鹽奶油——5g
牛奶——1/2大匙

※分別把砂糖的分量調整成100%(30g)、70%(20g)、30%(10g)製作。

砂糖用量若減到太少,可能會失敗

雖然明白大家想要盡可能減少砂糖用量的心情,但實驗結果發現,如果砂糖用量過少,無論是外觀或口感都會大扣分,做出失敗的甜點。好不容易花時間製作了,如果只是因爲一個材料不足就全盤失敗,實在是太可惜了。

爲此,即便非常想要減糖,但至多只能在70～100%之間調整砂糖用量。如果還是很在意砂糖用量,怕吃多了會胖,不妨從享用時間和分量來控制。

奶油的種類

奶油是製作甜點時不可或缺的材料，但大家知道奶油有分成鮮奶油和淡奶油嗎？
鮮奶油和淡奶油其實不一樣，各有各的特色，以下將爲各位詳細介紹。

鮮奶油

鮮奶油指的是原料為100%的生乳(牛奶)，乳脂肪含量18%以上的產品。不含任何添加物，包裝上通常會註明「純鮮奶油」、「動物性脂肪」。濃郁、圓潤溫和的口感是其特徵，風味或硬度會依乳脂的比例而略有差異。如果需要打發，至少要含有35%的乳脂含量。另外，鮮奶油保存期限很短，價格也比淡奶油貴一點。

淡奶油

淡奶油是指把一部分或全部的鮮奶油換成植物性油脂，或是加入添加物的奶油。由於脂肪含量不到18%，又加入了添加物，通常不是以鮮奶油而是以「whipped cream」或「生奶油」的標示販賣。風味及口感都略遜於鮮奶油，但由於比較不容易滴落，跟鮮奶油一樣，也可以用於最後的裝飾。保存期限比鮮奶油長，價格也較便宜。

哪種奶油最適合裝飾蛋糕？用四種奶油來驗證！

「該用含脂量多少的鮮奶油才好呢？」「用動物性奶油和植物性奶油來做會不一樣嗎？」各位是否也想過這些問題呢？以下將用四種奶油各打到八分發，實驗看看有什麼不同。

比較打發後的外觀

鮮奶油（47%）

打發時間最短，約50秒就能打發。製作過程中，從心想「會留下用電動攪拌器攪拌的痕跡嗎？」的時間點到打至八分發，只過了一轉眼的時間，因此反而要小心不要攪拌過頭了。

鮮奶油（35%）

打發時間略長於47%的鮮奶油，約1分30秒。從開始產生稠度到確實打發需要一點時間，不用像47%的鮮奶油那樣擔心攪拌過頭。攪拌前的液體清清如水，攪拌後會變成蓬鬆柔軟的輕盈乳霜狀。

淡奶油（植物性）

打發時間只比35%的鮮奶油稍微短一點，約1分20秒。攪拌時的觸感也很接近35%的鮮奶油，光看外觀有點難判斷。植物性淡奶油攪拌前的液體也是清清如水，攪拌後會變成蓬鬆柔軟的輕盈乳霜狀。

淡奶油（加入豆漿）

打發時間跟植物性淡奶油差不多，約1分20秒。但是跟47%、35%的鮮奶油或植物性淡奶油不一樣，雖然也很蓬鬆柔軟，但打發的觸感則略顯厚重；同時，也是四種鮮奶油中最有光澤感的。跟35%的鮮奶油、植物性淡奶油一樣，攪拌前的液體清清如水。

比較顏色和擠出來的外觀

顏色差異

觀察顏色的差異，可以看出乳脂肪含量較高的鮮奶油比較黃，乳脂肪含量較低的鮮奶油比較白。

擠出來的外觀

擠出來看看，硬度也有很大的差別，乳脂肪含量較高的鮮奶油，能擠出相當清晰的花紋，但擠的時候也逐漸變硬。相較之下，乳脂肪含量較低的鮮奶油和淡奶油比較軟，花紋也比較輕柔。

實驗材料

鮮奶油（或是淡奶油）——100ml
細砂糖——10g

※ 分別把100ml的四種奶油：47%的鮮奶油、35%的鮮奶油、植物性淡奶油、加入豆漿的淡奶油，和10g的砂糖放在調理碗中，碗底浸泡在冰水裡，用低速的電動攪拌器打發到長角。

比較風味

鮮奶油（47%）
最濃郁，是可以感受到最強烈的牛奶風味和濃醇香的奶油。

鮮奶油（35%）
可以感受到牛奶的風味和香醇，但和47%的鮮奶油相比，少了一點濃醇香。不過這兩種鮮奶油都是入口即化。

淡奶油（植物性）
植物性淡奶油的風味比較清淡，口感也比較輕柔；香料的香氣大於牛奶的風味。

淡奶油（加入豆漿）
加入豆漿的淡奶油入口即化，充滿大豆風味。

42～45% 的鮮奶油，最適合用來裝飾蛋糕

從實驗結果可以看出，奶油的硬度、顏色、風味和口感，會因乳脂肪的含量而異。

35% 的鮮奶油比較鬆散，不太適合用來裝飾蛋糕。建議跟巧克力蛋糕或戚風蛋糕一起吃，或用來做菜。植物性淡奶油、加入豆漿的淡奶油都比47% 的鮮奶油質地鬆散，但是可以徹底打發，不容易變得沙沙的，很適合用來裝飾蛋糕。只不過，淡奶油打發的時間、做出來的外觀和味道或許也會依動物性脂肪或植物性脂肪的比例、有沒有添加物而異。

這次實驗的四種奶油中，47% 的鮮奶油最適合用來裝飾蛋糕，但誠如前述，47%的鮮奶油很容易變硬，所以新手或許可以將47% 和35% 的鮮奶油，調整成42～45% 的比例來做比較容易上手。

如果想品嚐牛奶的風味及濃醇香，請使用乳脂肪含量比較高的鮮奶油；喜歡清淡爽口的人，則請使用植物性淡奶油。另外，想降低成本的人如果需要一次使用大量的奶油，植物性淡奶油也是比較適合的選擇。總之，請依自身喜好和用途分開來使用。

Basic 5

戚風蛋糕

戚風蛋糕最能品嚐到蓬鬆柔軟的口感，以及雞蛋的風味。
除了可以直接享用以外，也可依個人喜好抹上奶油或果醬來吃，
或者切開來夾入水果一同享用，也非常美味。

CHIFFON CAKE

材料（1個／17cm的戚風蛋糕模具）

蛋黃——3顆
細砂糖——30g
低筋麵粉——70g
牛奶——2大匙
沙拉油——2大匙

蛋白霜

- 蛋白——3顆
- 細砂糖——40g

前置作業

- 直到開始製作前，請把蛋白都放在冰箱裡冷藏備用。
- 烤箱預熱至180° C。

Q1 蛋白爲什麼要冷藏備用？

A 讓蛋白保持在低溫狀態，放在冰箱冷藏備用，才能打出角直挺挺立起來、具有筋道的蛋白霜。

1

蛋黃、細砂糖放入調理碗中，徹底攪拌直到呈泛白狀為止。

Q2 如何判斷已攪拌至泛白狀了？

A 攪拌至類似美乃滋的奶黃色，就可以了。

Point

細砂糖加到蛋黃裡之後，要「馬上」開始攪拌；若不立刻攪拌，細砂糖會吸收蛋黃的水分，以致結塊。

2

加入沙拉油，充分攪拌均勻。

Point

請徹底充分攪拌至乳化為止。

3

加入牛奶，攪拌均勻。

4

以過篩的方式加入低筋麵粉，攪拌至不再有粉末狀為止。

Q3 低筋麵粉一定要過篩嗎？

A 低筋麵粉要過篩才不會結塊。另外，過篩還能讓麵粉包含空氣，做成更柔順的麵糊。

5

製作蛋白霜：把蛋白放入另一個調理碗中，用電動攪拌器稍微打到起泡。

Point

萬一調理碗或電動攪拌器還殘留油脂或水分，蛋白就很難打發，所以使用工具前請一定要先檢查確認。

6

請分3次加入細砂糖，每次都要以高速攪拌均勻。

Q4 為什麼要分次加入細砂糖？

A 一次全部加進去的話，會干擾蛋白的發泡作用，為此，請分次一點一點地加入細砂糖，才能穩定地讓麵糊含有空氣，變得分量十足。

7

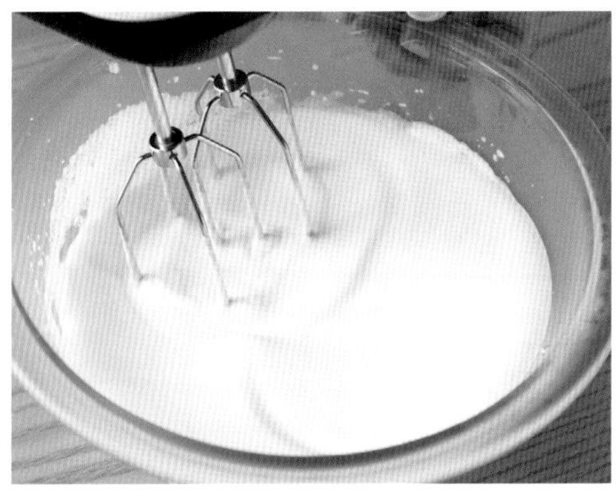

慢慢拿起電動攪拌器，若蛋白霜的角「輕輕點頭」就轉成低速，再攪拌1分鐘左右，調整質地。

Q5 為什麼不能把蛋白霜打得太發？

A 蛋白霜打得太發會分離，一旦分離就無法再恢復原狀。萬一攪拌過頭，請在比自己預計更早的時間，加入細砂糖，再仔細觀察情況，攪拌均勻。

Q6 為什麼中途要改以低速攪拌？

A 以高速攪拌的蛋白霜，氣泡大小會不一，質地也十分粗糙。反之，改以低速攪拌，不僅能讓氣泡的大小細緻均勻，質地也會變得更細緻。

8

把1/3的蛋白霜加到❹裡，再用打蛋器攪拌到整體充分融合得很均勻為止。

Point

這時蛋白霜的氣泡就算破掉，也沒關係。藉由仔細攪拌均勻，可讓後面加入的蛋白霜更容易融合均勻。

9

把❽加到蛋白霜的調理碗中，再從底部舀起，以切拌的方式攪拌均勻。

Q7 什麼是「切拌」的攪拌方式？

A 橡皮刮刀直著拿插進麵糊中央，以宛如寫英文字「J」的方式，從底部舀起來攪拌均勻。橡皮刮刀要換到另一邊時，記得要用另一隻手轉動調理碗。

Point

蛋白霜萬一結塊，烘烤好時會凹一個洞。除了要小心別攪拌過頭，也要攪拌均勻，以免殘留白色的蛋白霜。

10

一口氣倒進模具裡。

Point

如果不一口氣倒進去，空氣就會跑進去，導致烤好時凹一個洞，所以要盡可能一口氣全部倒進去。

11

倒完後輕輕搖晃，使表面變得平坦，再放入預熱至180°C的烤箱烤30～35分鐘。

12

從烤箱裡取出，把圓筒狀的部分倒扣在瓶子等物體上，徹底放涼備用。

爲什麼烤好的戚風蛋糕，要倒過來放涼？

A 如果在正常的狀態下放涼，蛋糕可能會因爲地心引力的關係而變扁，失去原本的高度。因此烤好後請馬上倒過來，以防止烤後回縮變形。

Point

烤好後請從10cm左右的高度連同模具一起摜在作業臺上，以排出多餘的水蒸氣，並防止烤後回縮。

13

刀子插入模具邊緣，順著模具轉一圈，把蛋糕從模具裡取出。再切成喜歡的大小，就大功告成了。

Point

蛋糕在熱騰騰的狀態下脫模，可能會扁塌，請待蛋糕徹底冷卻之後再脫模。

香蕉戚風蛋糕

材料

(1個／17cm的戚風蛋糕模具)

香蕉——1根

蛋黃——3顆

細砂糖——30g

低筋麵粉——70g

牛奶——2大匙

沙拉油——2大匙

蛋白霜

蛋白——3顆

細砂糖——40g

裝飾用

鮮奶油(打到六分發)——100ml

可可粉——適量

前置作業

- 低筋麵粉過篩備用。
- 烤箱預熱至180°C。

作法

❶ 用搗碎器或叉子搗碎香蕉。

❷ 蛋黃、細砂糖放入調理碗中,攪拌至泛白。

❸ 加入沙拉油、牛奶、❶,仔細拌勻,再加入過篩的低筋麵粉,攪拌至不再有粉狀感為止。

❹ 製作蛋白霜:將蛋白倒入調理碗中打發。

❺ 分3～4次加入細砂糖,每次皆以高速攪拌均勻。攪拌到長角後,再換成低速攪拌1分鐘,調整質地。

❻ 把1/3的蛋白霜加到❸裡,以切拌的方式攪拌均勻。

❼ 加入1/3的蛋白霜,攪拌至呈雙色大理石狀,再把剩下的蛋白霜全部加進去,切拌均勻。

❽ 把麵糊從高處倒進模具中,以排出空氣,再放入預熱至180°C的烤箱,烤30～35分鐘。

❾ 烤好後倒扣在瓶子上,放涼之後再脫模,就大功告成了。可依個人口味抹上鮮奶油和可可粉做裝飾。

Point

・請配合香蕉的甜度,以及依個人口味調整細砂糖的用量。

巧克力戚風蛋糕

材料

(1個／17cm的戚風蛋糕模具)

低筋麵粉——50g
可可粉——10g
蛋黃——3顆
細砂糖——30g
牛奶巧克力——50g
牛奶——40ml
沙拉油——2大匙

蛋白霜

- 蛋白——3顆
- 細砂糖——50g

Point

・可可粉的油脂可能會破壞蛋白霜的氣泡。爲了不讓氣泡破掉，重點是要以較少的次數，仔細攪拌均勻。

作法

❶ 巧克力放入耐熱碗中，以隔水加熱的方式融化巧克力。
❷ 蛋黃、細砂糖放入另一個碗中，攪拌至呈泛白狀為止。
❸ 加入已加熱的沙拉油、牛奶，仔細攪拌至乳化狀為止。
❹ 以過篩的方式加入低筋麵粉、可可粉，攪拌到不再有粉末狀為止；接著加入❶，繼續混合拌勻。
❺ 製作蛋白霜：蛋白倒入另一個碗中，用電動攪拌器打發。
❻ 分3次加入細砂糖，每次皆以高速攪拌均勻。
❼ 攪拌到長角後，再換成低速攪拌1分鐘，調整質地。
❽ 把1/3的蛋白霜加到❹裡，充分攪拌均勻。
❾ 把❽放入蛋白霜的碗中加入，攪拌至蛋白霜變白為止。
❿ 倒入模具中，再放入預熱至180°C的烤箱烤30～35分鐘。
⓫ 從烤箱裡取出，圓筒狀的部分倒扣在瓶子上，徹底放涼。
⓬ 再用刀子脫模，就大功告成了。

前置作業

- 牛奶、沙拉油先以隔水加熱的方式，加熱至人體皮膚的溫度備用。
- 巧克力剁碎備用。
- 烤箱預熱至180°C。

芝麻黃豆粉戚風蛋糕

材料

(1個／17cm的戚風蛋糕模具)

米粉——60g
黃豆粉——30g
細砂糖——40g
蛋黃——3顆
沙拉油——40g
牛奶——80ml
黑芝麻——2大匙

蛋白霜

蛋白——3顆
細砂糖——50g

裝飾用

鮮奶油(打到七分發)——適量
紅豆泥——適量

前置作業

- 烤箱預熱至170°C。

作法

❶ 蛋黃、細砂糖放入碗中，攪拌至呈白白稠稠狀為止。
❷ 加入沙拉油、牛奶、黑芝麻，仔細攪拌均勻，再以過篩的方式加入米粉、黃豆粉，攪拌至不再有粉末狀。
❸ 製作蛋白霜：將蛋白倒入另一個調理碗中打發。
❹ 分3～4次加入細砂糖，每次皆以高速攪拌均勻。攪拌至長角後，換成低速攪拌1分鐘，調整質地。
❺ 把1/3的蛋白霜加到❷裡，以切拌的方式攪拌均勻。
❻ 再加入1/3的蛋白霜，攪拌至呈雙色大理石狀，再把剩下的蛋白霜全部加進去，切拌均勻。
❼ 把麵糊從高處倒進模具裡，以排出空氣，再放入預熱至170°C的烤箱，烤35～40分鐘。
❽ 烤好後將圓筒狀的部分倒扣在瓶子上，徹底放涼後再脫模，就大功告成了。依個人口味抹上鮮奶油和紅豆泥做裝飾。

Point

- 從高處將麵糊倒入模具裡，就不容易產生太大的空洞，更能烤出漂亮的戚風蛋糕。

紅茶戚風蛋糕

材料

（1個／17cm的戚風蛋糕模具）

蛋黃——3顆
細砂糖——30g
牛奶——2大匙
沙拉油——30g
紅茶（茶葉）——5g
低筋麵粉——80g

蛋白霜

蛋白——4顆
細砂糖——40g

前置作業

- 茶葉用攪拌器打成粉末狀備用。
- 烤箱預熱至170°C。

作法

❶ 蛋黃、細砂糖放入另一個碗中，攪拌至呈泛白狀為止。
❷ 一點一點、慢慢地加入沙拉油。
❸ 再加入牛奶、紅茶茶葉，繼續攪拌均勻。
❹ 以過篩的方式加入低筋麵粉，攪拌至不再有粉末狀為止。
❺ 製作蛋白霜：將蛋白倒入另一個調理碗中打散，分3次左右加入細砂糖，每次皆以電動攪拌器打發到長角。
❻ 把1/3的蛋白霜加到❹的碗中，用打蛋器混合攪拌均勻。
❼ 再加入一半剩下的蛋白霜，繼續用打蛋器混合攪拌均勻。
❽ 把❼倒進蛋白霜的調理碗中，用橡皮刮刀混合攪拌均勻。
❾ 麵糊倒進模具裡，輕輕搖晃使表面平整，再放入預熱至170°C的烤箱，烤30～35分鐘。
❿ 烤好後將圓筒狀的部分倒扣在瓶子上，放涼後再脫模；切成自己喜歡的大小來享用，就大功告成了。

Point

・蛋白霜若結塊，烘烤時就可能會產生空洞，所以請仔細攪拌至沒有結塊。

抹茶戚風蛋糕

材料

(1個／17cm的戚風蛋糕模具)

蛋黃——3顆

細砂糖——20g

沙拉油——30g

牛奶——50ml

低筋麵粉——60g

抹茶粉——10g

蛋白霜

- 蛋白——3顆
- 細砂糖——50g

前置作業

- 烤箱預熱至170°C。

Point

・抹茶粉和低筋麵粉一定要過篩，以免結塊。

作法

❶ 蛋黃、細砂糖放入調理碗中，攪拌至呈泛白狀為止。

❷ 加入沙拉油，充分攪拌均匀，使其乳化。

❸ 再加入牛奶，混合攪拌均匀。

❹ 以過篩的方式加入低筋麵粉、抹茶粉，攪拌至不再有粉末狀為止。

❺ 製作蛋白霜：蛋白倒入另一個調理碗中，用電動攪拌器稍微打發。

❻ 分3次加入細砂糖，每次皆以高速攪拌均勻。

❼ 舉起電動攪拌器，若碗中豎起的尖角微微低頭，就換成低速攪拌1分鐘左右，調整質地。

❽ 把1/3的蛋白霜加到❹裡，用打蛋器整個攪拌均勻。

❾ 再把剩下的蛋白霜稍微打發，以從底部舀起的切拌方式，攪拌均勻。

❿ 把麵糊一口氣倒進模具裡；全部倒進去以後再搖晃模具，使表面平整。

⓫ 放入預熱至170°C的烤箱，烤30～35分鐘。

⓬ 烤好後，連同模具將圓筒狀的部分倒扣在瓶子上放涼。待完全冷卻後再脫模，就大功告成了。

楓糖戚風蛋糕

材料

（1個／17cm的戚風蛋糕模具）

蛋黃——3顆
低筋麵粉——70g
楓糖漿——4大匙
沙拉油——2大匙

蛋白霜

蛋白——3顆
細砂糖——40g

前置作業

- 烤箱預熱至170°C。

作法

❶ 蛋黃放入調理碗中打散。
❷ 加入楓糖漿、沙拉油，每次都要仔細攪拌均勻。
❸ 以過篩的方式加入低筋麵粉，攪拌至不再有粉末狀為止。
❹ 製作蛋白霜：將蛋白倒入另一個調理碗中，用電動攪拌器稍微打發。
❺ 分3次加入細砂糖，每次都要仔細攪拌均勻。
❻ 把1/3的❺加到❸裡，混合攪拌均勻。
❼ 再加入剩下的蛋白霜，換成橡皮刮刀，以切拌的方式攪拌均勻。
❽ 一口氣把❼倒進模具裡，輕輕搖晃使表面平整，再放入預熱至170°C的烤箱，烤40分鐘左右。
❾ 烤好之後，把圓筒的部分倒扣在瓶子上放涼；完全冷卻後再脫模，就大功告成了。

Point

- 攪打蛋白霜時，記得一定要打發至長角哦！

可以用奶油製作戚風蛋糕嗎？用沙拉油和融化的奶油來驗證！

戚風蛋糕一般都是使用無色無味的液體油；那麼，奶油可以嗎？以下，就帶大家實驗看看，是否也可以用融化的奶油來製作。

比較外觀

沙拉油

用沙拉油製作的戚風蛋糕會長得比較高、烤得比較漂亮；切開來看，紋理十分細緻，整體感覺輕盈柔軟。

融化的奶油

高度大約只有用沙拉油做的戚風蛋糕一半；切開來看，確實有烤熟，但質地很粗糙，沒有戚風蛋糕那種輕盈柔軟的質地，濕潤的感覺比較像是海綿蛋糕。

比較口感&風味

沙拉油

放入口中就輕飄飄、軟綿綿地化掉了，口感十分輕盈；可吃出強烈的蛋香，呈現出清淡爽口又溫和的味道。

融化的奶油

鬆軟綿密的感覺，剛好介於戚風蛋糕與海綿蛋糕之間，卻又不失濕潤感。奶油味比沙拉油的戚風蛋糕更重一點，呈現出濃郁、有深度的味道。

實驗材料

（1個／17cm的戚風蛋糕模具）

蛋黃——3顆
細砂糖——30g
低筋麵粉——70g
牛奶——2大匙
沙拉油——2大匙

蛋白霜
- 蛋白——3顆
- 細砂糖——40g

※ 使用中型的蛋。
※ 把沙拉油替換成融化的奶油製作。

實驗結果

戚風蛋糕應該用液體油來製作

根據實驗結果，雖然也不是不能用融化的奶油來製作，但會做出跟戚風蛋糕完全不一樣的東西。之所以如此，是因為液體油具有能讓小麥的麩質順利結合、抑制勉強結合的作用。多虧這個作用，可以烤出麵糊延展性較好、質地蓬鬆柔軟、分量十足的戚風蛋糕。因此，如果想呈現戚風蛋糕特有的輕盈蓬鬆質感與分量感，一定要使用液體油。事實上，液體油也有很多種類，可視個人喜好選擇使用。

成品會因模具材質而異？用鋁製和紙製模具來驗證！

是否會擔心成品會因為模具的材質不同，而有所差異呢？以下，帶各位來實驗看看鋁製和紙製模具，會有什麼不同吧！

比較外觀＆脫模的難易度

鋁製　紙製

鋁製　紙製

鋁製的戚風蛋糕模具

做出來的高度完全沒問題。從模具裡取出時，可用刀子緊緊地貼著模具轉一圈，所以脫模後也能留下漂亮的焦色。不過蛋糕會黏住模具，脫模時需要一點技巧。

紙製的戚風蛋糕模具

用紙製模具烤出來的蛋糕，也能膨脹得很完美，但高度略低於用鋁製模具且孔洞略為密集。另外，側面的蛋糕會黏在紙上，以致脫模後外觀沒有漂亮的焦色。但只要用手把紙撕掉就行了，就連新手也能輕鬆脫模。

實驗結果

理解各自的特徵，選擇適合自己的模具

無論是鋁製或紙製模具都能烤出膨脹度很漂亮的蛋糕，幾乎沒有太大差別，但考慮到製作頻率及脫模難易度，我認為紙製的模具可能比較適合新手；而且在百圓商店就能輕鬆購得這點，也很棒。反之，如果經常製作戚風蛋糕、希望能烤出完美高度或已經習慣脫模的人，建議直接購買鋁製模具，可能會更為便利實用。

這次是以戚風蛋糕做實驗，如果改用其他材質的模具或做成別的甜點，結果可能又會不一樣了。總之，請配合要做的甜點或成品想呈現的模樣，來選擇模具的材質。

實驗材料

（1個／17cm的戚風蛋糕模具）

蛋黃——3顆
細砂糖——30g
低筋麵粉——70g
牛奶——2大匙
沙拉油——2大匙

蛋白霜
- 蛋白——3顆
- 細砂糖——40g

※ 使用中型的蛋。
※ 更換模具的材質，以相同作法製作。

抹刀脫模？徒手脫模？戚風蛋糕如何成功脫模？

戚風蛋糕不容易脫模，對新手來說難度頗高。以下，為各位介紹使用抹刀這最基本的脫模方法，以及不使用任何工具，徒手就能輕鬆脫模的方法。

使用抹刀

❶ 從烤箱裡取出倒扣，徹底放涼。
❷ 把刀子插進蛋糕和模具之間，沿著模具慢慢轉一圈；圓筒周圍則使用竹籤等工具，以相同的方式脫模。
❸ 把圓筒拿起、拆開，把刀子插入底部，也同樣轉一圈。
❹ 再輕輕拔出來就大功告成了！

Point

- 若不徹底放涼，蛋糕會回縮，這樣用抹刀脫模的側面，就會變得破破爛爛，所以一定要放涼。
- 拿著抹刀的手如果太用力，可能會傷到蛋糕；請放輕鬆，輕輕地、慢慢地轉一圈即可。
- 要是抹刀在途中轉彎，會刺進戚風蛋糕裡以致變形，所以直到最後都要確實沿著模具邊移動。

徒手脫模

❶ 從烤箱裡拿出來倒扣，徹底放涼。
❷ 用手從側面的蛋糕體往下按壓，讓蛋糕脫離模具。
❸ 轉一圈，讓蛋糕整個脫模之後，圓筒部分也以相同方式用手往下按壓，讓蛋糕與圓筒分離。
❹ 拿起模具，移開。
❺ 把非慣用手伸進圓筒裡，橫著拿；再以慣用手貼著蛋糕體，慢慢轉一圈，讓蛋糕體與底部分離。
❻ 再輕輕拔出來，就大功告成了！

Point

- 若不徹底放涼，一旦蛋糕被壓到變形就無法恢復原狀，以致無法順利從側面脫模，所以一定要徹底放涼再脫模。
- 過於小心翼翼地按壓，反而無法順利脫模，請大膽地用力壓下去吧！
- 如果裡面是有果乾或巧克力豆的蛋糕，建議用抹刀脫模。

Basic 6

塔皮甜點

一起來製作甜甜的基本塔皮吧！酥酥脆脆的口感與柔和的甘甜，做成什麼口味的塔都十分對味。只要掌握基本的塔皮作法，就可以有無限的變化。請試著加入奶油、放上水果來吃吧！

TART

材料（1個／18cm的塔模）

低筋麵粉──120g
杏仁粉──30g
糖粉──40g
打散的蛋液──1/2顆
無鹽奶油──70g
鹽──少許
香草油──少許

前置作業

- 奶油和蛋恢復至常溫。
- 烤箱預熱至180° C。
- 低筋麵粉和杏仁粉混合過篩備用。

為什麼奶油和蛋要恢復至常溫再使用？

奶油太冷會無法攪拌成乳霜狀，以致很難與後面才加進來的材料拌勻。另外，蛋太冷也會造成分離，所以也要跟奶油一樣，先恢復至常溫再開始作業。

Q2 低筋麵粉和杏仁粉為何要一起混合過篩？

A 混合過篩可讓材料質地變得更均勻，更容易融合。

1

奶油放入調理碗中，再用橡皮刮刀充分攪拌至呈柔滑細緻狀。

Point

先將奶油攪拌至柔滑細緻狀，會更容易與後面的材料充分融合。

2

加入糖粉，攪拌至呈泛白狀；再加入鹽、香草油，混合攪拌均勻。

3

分3～4次加蛋，每次都要仔細拌勻。

Q3 爲什麼步驟❷要加鹽？不能用含鹽奶油來代替嗎？

A 鹽能凸顯甜味，使塔皮更美味。然而若直接用含鹽奶油來做，鹽分會過高，以致太鹹，所以請使用無鹽奶油。

Q4 在步驟❷中所謂的「呈泛白狀」，大概是什麼程度？

A 大約是原本奶黃色的奶油，變成乳白色的即可。

Q5 爲什麼蛋液不能一次全部加進去？

A 奶油的油和蛋液的水，非常不容易融合，若一次全加進去可能會造成油水分離。油水分離會導致做出來的成品蓬鬆度不夠、口感變差，要特別注意。

4

以過篩的方式加入各種粉料，再以切拌的方式攪拌至不再有粉末狀為止。整合成一團，用保鮮膜包起來，放進冰箱冷藏1小時以上。

Q6 什麼是「以切拌的方式」攪拌均勻？

A 橡皮刮刀直著拿，插進麵糊中央，以宛如寫英文字「J」的方式，從底部舀起來攪拌均勻。轉動橡皮刮刀時，請用另一隻手把調理碗轉過來。把麵糊攪拌得鬆鬆的，再以往調理碗按壓的方式，整合成一團。

5

在作業臺上撒上手粉，用擀麵棍擀成3mm厚。

Q7 手粉使用的是低筋麵粉？高筋麵粉？

A 手粉建議使用高筋麵粉，因爲高筋麵粉的粒子比低筋麵粉粗，較容易從麵團上撥掉。萬一家中沒有高筋麵粉，也可以用低筋麵粉來代替。

把擀好的麵團輕輕拿起來，鋪在塔模裡，並切掉邊緣多餘的麵團。

7

用叉子戳洞，鋪上烘焙紙，再放上重石；放入事先預熱至180°C的烤箱，烤25～30分鐘。

爲什麼要在塔皮上戳洞？

A 戳洞可以讓麵團中的空氣或水蒸氣在烘烤時散出，以免麵團膨脹，爲此，請務必均勻地在整張麵團上戳洞。

一定要準備重石嗎？沒有的話怎麼辦？

A 放上重石能避免麵團膨脹，以保持完美的形狀。若家中沒有重石，也可以用米或紅豆代替。

8

從烤箱裡拿出來，脫模後再放涼就大功告成了。

Memo｜塔的內餡，請參考 P.100～108的變化款食譜。

草莓塔

材料

(1個／18cm的塔模)

杏仁奶油餡

- 杏仁粉──50g
- 糖粉──50g
- 無鹽奶油──50g
- 打散的蛋液──1顆

卡士達醬

- 低筋麵粉──20g
- 牛奶──250ml
- 細砂糖──40g
- 打散的蛋液──1顆

塔皮

- 低筋麵粉──120g
- 杏仁粉──30g
- 糖粉──40g
- 打散的蛋液──1/2顆
- 無鹽奶油──70g
- 鹽──少許
- 香草油──少許

裝飾用

- 草莓──12顆

前置作業

- 烤箱預熱至180°C。
- 低筋麵粉和杏仁粉混合過篩備用。

作法

❶ 製作杏仁奶油餡：奶油放入調理碗中，用橡皮刮刀充分攪拌至呈柔滑細緻狀。
❷ 加入糖粉，充分攪拌均勻，再分2～3次加入打散的蛋液，每次都要仔細攪拌均勻。接著，加入杏仁粉，攪拌均勻。
❸ 製作塔皮：奶油放入另一個調理碗中，用橡皮刮刀充分攪拌至呈柔滑細緻狀。
❹ 加入糖粉，攪拌至呈泛白狀，再加入鹽、香草油，混合攪拌均勻。
❺ 分3～4次加入蛋液，每次都要仔細攪拌均勻。
❻ 以過篩的方式加入各種粉料，再以切拌的方式攪拌，直到不再有粉末狀為止。整合成一團，用保鮮膜包起來，放進冰箱冷藏1小時以上。
❼ 在作業臺上撒上手粉，用擀麵棍擀成3mm厚。
❽ 把擀好的麵團輕輕拿起來，鋪在塔模裡，切掉多餘的麵團，再用叉子戳洞；加入❷，用橡皮刮刀抹平，放入預熱至180°C的烤箱，烤25～30分鐘。
❾ 從烤箱裡取出，脫模，放涼備用。
❿ 製作卡士達醬：把低筋麵粉和細砂糖放入調理碗中，用打蛋器稍微攪拌均勻。
⓫ 分次加入牛奶，每次都要仔細攪拌均勻。
⓬ 加入蛋液，充分攪拌均勻後，鬆鬆地罩上保鮮膜，用600瓦的微波爐加熱2分鐘；取出，攪拌均勻，再放回600瓦的微波爐加熱2分鐘。
⓭ 用保鮮膜緊緊蓋住，放進冰箱，使其徹底冷卻。
⓮ 為❾填上冷卻的卡士達醬，再放上草莓做裝飾就大功告成了。

Point

- 卡士達醬加熱後再加入香草精，能使香氣倍增，變得更好吃喔！
- 請視實際情況，調整烤箱的烘烤時間。

蘋果塔

材料

(1個／16cm的塔模)

蘋果——1顆
細砂糖——2大匙
肉桂粉——1/3小匙
無鹽奶油——20g

杏仁奶油餡

- 低筋麵粉——10g
- 杏仁粉——50g
- 細砂糖——60g
- 打散的蛋液——1顆
- 無鹽奶油——50g

塔皮

- 低筋麵粉——90g
- 杏仁粉——10g
- 糖粉——30g
- 蛋黃——1顆
- 無鹽奶油——60g
- 鹽——少許
- 香草油——少許

裝飾用

不溶於水的糖粉——適量

前置作業

- 烤箱預熱至180°C。

作法

❶ 蘋果切成4等分，去芯、切成5mm厚的薄片。
❷ 製作塔皮：奶油放入調理碗中，用橡皮刮刀充分攪拌至呈柔滑細緻狀。
❸ 加入糖粉，攪拌至呈泛白狀，再加入鹽、香草油，混合攪拌均匀。
❹ 加入蛋黃，攪拌均匀。
❺ 以過篩的方式加入低筋麵粉、杏仁粉，攪拌至不再有粉末狀為止。整合成一團，用保鮮膜包起來，放進冰箱冷藏1小時以上。
❻ 製作杏仁奶油餡：把奶油放入另一個調理碗中，用橡皮刮刀充分攪拌至呈柔滑細緻狀。
❼ 加入細砂糖，攪拌至呈泛白狀。
❽ 分次加入打散的蛋液，每次都要仔細攪拌均匀。
❾ 再加入杏仁粉、低筋麵粉，用橡皮刮刀攪拌均匀。
❿ 把❺放在已撒了手粉的作業臺上，用手壓扁，壓到一定的薄度之後，再用擀麵棍擀開。
⓫ 擀成比模具再大一號的尺寸，再擀成5mm左右的厚度，蓋在模具上。把麵團塞進模具裡，用刀背切掉多餘的麵團。
⓬ 用叉子在底部戳幾個洞，倒入❾，抹平表面。
⓭ 放上蘋果，再均匀撒上奶油、細砂糖、肉桂粉；放入預熱至180°C的烤箱，烤30～40分鐘。
⓮ 放涼後，撒上不溶於水的糖粉，就大功告成了。

Point

- 請務必使用已恢復常溫、軟化的奶油。
- 塔皮的麵糊如果黏黏的，無法整合成一團；若麵糊太黏，可加上10g 左右的低筋麵粉，再觀察一下情況。
- 麵糊之所以很鬆散，無法整合成一團可能是因爲攪拌不夠。爲了不讓手的溫度影響到麵團，請用橡皮刮刀徹底攪拌均勻後再整合成一團。
- 將塔皮麵團鋪在模具裡時，請不要留下任何空隙，以免空氣跑進去。
- 手粉使用的是高筋麵粉。若家中沒有高筋麵粉，請用烘焙紙隔開。同時，也要拍掉多餘的手粉。

地瓜塔

材料

（1個／18cm的塔模）

地瓜——120g
綜合堅果——30g
楓糖漿——1大匙
細砂糖——1大匙
水——1大匙

杏仁奶油餡

- 低筋麵粉——10g
- 杏仁粉——50g
- 細砂糖——60g
- 打散的蛋液——1顆
- 無鹽奶油——50g

塔皮

- 低筋麵粉——100g
- 糖粉——40g
- 蛋黃——1顆
- 無鹽奶油——60g
- 鹽——少許
- 香草油——少許

裝飾用

不溶於水的糖粉——適量

塔皮甜點——變化款❸

前置作業

- 地瓜以水洗淨;切成5mm的小丁,泡水5分鐘,再徹底瀝乾水分。
- 稍微把綜合堅果剁碎備用。

作法

❶ 製作塔皮:奶油放入調理碗中,用橡皮刮刀充分攪拌至呈柔滑細緻狀。
❷ 加入糖粉,攪拌至呈泛白狀,再加入鹽、香草油,混合攪拌均勻。
❸ 加入蛋黃,攪拌均勻。
❹ 以過篩的方式加入低筋麵粉,用切拌的方式攪拌至不再有粉末狀為止。整合成一團,用保鮮膜包起來,放進冰箱冷藏1小時以上。
❺ 把水、細砂糖、楓糖漿、地瓜放入耐熱調理碗中,鬆鬆地罩上保鮮膜,用600瓦的微波爐加熱3分鐘。取出後稍微攪拌一下,再放回600瓦的微波爐加熱3分鐘。
❻ 從微波爐裡取出,加入綜合堅果,稍微攪拌一下,放涼備用。
❼ 把❹放在已撒了手粉的作業臺上,用手壓扁,壓到一定的薄度後,再用擀麵棍擀開。
❽ 擀成比模具再大一號的尺寸,再擀成5mm左右的厚度,蓋在模具上。把麵團塞進模具裡,用刀背切掉多餘的麵團。
❾ 用叉子在底部戳幾個洞,鋪上烘焙紙,放上重石。
❿ 放入預熱至180°C的烤箱,烤25分鐘;烤完後取出,放涼備用。
⓫ 製作杏仁奶油餡:把奶油放入碗中,用打蛋器充分攪拌至呈柔滑細緻狀。
⓬ 加入細砂糖,攪拌至呈泛白狀為止。
⓭ 分幾次加入打散的蛋液,每次都要仔細攪拌均勻。
⓮ 以過篩的方式加入杏仁粉、低筋麵粉,再用橡皮刮刀攪拌均勻。
⓯ 把⓮鋪滿在放涼備用的塔皮裡,再放上❻。
⓰ 放進預熱至170°C的烤箱,烤25～30分鐘。
⓱ 烤完之後取出,放涼後再脫模。
⓲ 最後,撒上不溶於水的糖粉就大功告成了。

烤起司塔

材料

（1個／18cm的塔模）

塔皮

- 低筋麵粉──100g
- 杏仁粉──20g
- 糖粉──40g
- 蛋黃──1顆
- 鹽──少許
- 無鹽奶油──60g

杏仁奶油餡

- 奶油起司──200g
- 細砂糖──60g
- 打散的蛋液──1顆
- 鮮奶油──60ml
- 低筋麵粉──1大匙
- 檸檬汁──1大匙

作法

❶ 奶油放入碗中，用橡皮刮刀充分攪拌至呈柔滑細緻狀。

❷ 加入糖粉，攪拌至呈泛白狀，再加入鹽，混合拌勻。

❸ 加入蛋黃，攪拌均勻，再以過篩的方式加入低筋麵粉和杏仁粉，並用切拌的方式攪拌至不再有粉末狀為止。整合成一團，用保鮮膜包起來，放進冰箱冷藏1小時以上。

❹ 把❸放在撒了手粉的作業臺上，用擀麵棍擀成3mm厚。

❺ 順著模具把麵團貼緊，用刀背切掉多餘的麵團；用叉子在底部戳幾個洞，放入預熱至180°C的烤箱烤15分鐘。

❻ 製作內餡：奶油起司放進另一個碗中，攪拌至呈柔滑細緻狀為止；接著，加入細砂糖，充分攪拌均勻，分3～4次加入打散的蛋液，每次都要仔細攪拌均勻。

❼ 加入檸檬汁，混合攪拌均勻；一點一點慢慢加入鮮奶油，混合攪拌均勻。再以過篩的方式加入低筋麵粉，攪拌至不再有粉末狀為止，倒入❺。

❽ 用預熱至160°C的烤箱，烤30～40分鐘;烤好後取出放涼，再放進冰箱裡冷藏就大功告成了。

Point

- 塔皮的麵團徹底冷卻後，會產生酥酥脆脆的口感。
- 把蛋加入奶油起司時不要一次全部加進去，分次加進去，才能充分拌勻。

巧克力塔

材料

（1個／18cm的塔模）

塔皮

- 低筋麵粉——100g
- 糖粉——25g
- 無鹽奶油——60g
- 蛋黃——1顆
- 鹽——1小撮

巧克力內餡

- 牛奶巧克力——100g
- 無鹽奶油——30g
- 鮮奶油——100ml
- 蛋液——1顆

裝飾用

糖粉——適量

前置作業

- 奶油、蛋、鮮奶油恢復至常溫備用。

作法

❶ 製作塔皮：奶油放入調理碗中，攪拌至呈乳霜狀，再以過篩的方式加入糖粉，混合拌勻。

❷ 加入鹽，攪拌均勻；分幾次一點一點加入蛋黃，每次都要充分攪拌均勻。

❸ 以過篩的方式加入低筋麵粉，混合攪拌均勻，整合成團。

❹ 用保鮮膜包起來，醒麵2小時左右。

❺ 分3次把❹放在已撒了手粉的作業臺上，擀成比模具再大一號。

❻ 把麵團放在模具裡，罩上保鮮膜，每個角都要確實按緊，再用叉子戳洞。

❼ 鋪上烘焙紙、放上重石，放入預熱至180°C的烤箱，烤15分鐘。烤到10分鐘後，先移開重石再接著烤。

❽ 製作巧克力內餡：把稍微剁碎的巧克力和切成小丁的奶油放入調理碗中，隔水加熱，使其融化。再加入鮮奶油，混合攪拌均勻。

❾ 放涼後加蛋，充分攪拌均勻。

❿ 把❾倒進塔皮裡，再用預熱至170°C的烤箱，烤25分鐘。烤完取出，待完全冷卻後，再撒上不溶於水的糖粉就大功告成了。

抹茶起司塔

材料

（1個／18cm的塔模）

塔皮

- 鬆餅預拌粉——150g
- 沙拉油——3大匙
- 細砂糖——2大匙
- 牛奶——3大匙

抹茶起司內餡

- 奶油起司——200g
- 細砂糖——50g
- 抹茶粉——1大匙
- 蛋——1顆
- 低筋麵粉——1大匙
- 鮮奶油——50ml

抹茶奶油

- 鮮奶油——200ml
- 抹茶粉——6g
- 細砂糖——2小匙

作法

❶ 製作塔皮：把塔皮的材料全部放入調理碗中，攪拌至可以整合成一團為止。

❷ 把麵團放在撒了手粉的作業臺上，擀成3mm厚。

❸ 放進模具裡，切掉多餘的麵團，再用叉子戳洞。

❹ 製作抹茶起司內餡：把奶油起司、細砂糖放入調理碗中，充分攪拌至呈柔滑細緻狀為止。

❺ 加蛋，混合攪拌均勻，以過篩的方式加入低筋麵粉、抹茶粉，攪拌至不再有粉末狀。

❻ 加入鮮奶油，攪拌均勻，再倒進❸裡，放入預熱至160°C的烤箱，烤30～35分鐘。取出，脫模，放在蛋糕冷卻架上放涼，再放進冰箱裡冷藏。

❼ 製作抹茶奶油：鮮奶油、細砂糖、抹茶放進調理碗中，打到八分發後，裝進擠花袋裡。

❽ 再把❼擠在❻上就大功告成了。

前置作業

- 烤箱預熱至160°C。
- 奶油起司先恢復至常溫。

Point

- 烤好後要徹底冷卻，再擠上抹茶奶油點綴裝飾。

奶油的特性

製作甜點時，會使用不同狀態的奶油，像是直接使用固態的冷卻奶油，或是把恢復常溫的奶油做成乳霜狀、融化奶油等，如此一來可以做得更好吃。奶油的特性之於甜點的完成度，會發揮什麼效果呢？讓我們分別來看看吧！

可塑性

所謂的可塑性，是指對固體施力，但固體在變形、收回力道後，仍能保有形狀的性質；簡單來說，就像黏土那樣，可以自由地變化形狀，就稱為可塑性。當奶油的溫度太低，施力時可能就會破裂；反之，若溫度太高，奶油就可能會融化，失去可塑性。最適合讓奶油發揮可塑性的溫度為13～18° C。派皮就是利用這種可塑性的效果，將13° C上下的奶油反覆摺入用麵粉做的麵團裡，做出層次分明的漂亮派皮。

酥脆性

這是指奶油能在麵團裡薄薄地延伸開來、分散至各個角落的性質。奶油分散後會抑制麩質的形成、防止澱粉結合。利用此特性，就能做出餅乾或塔皮等酥脆口感。恢復至20° C上下常溫的奶油最適合製作酥脆甜點。與此相對，奶油一旦完全融化，就會失去酥脆的特性，而這正是造成甜點製作失敗的原因，要特別留意。

乳化性

這是指藉由攪拌使奶油含有空氣，能使其呈現乳霜狀的性質。奶油裡的空氣會在烘烤過程中膨脹，使蛋糕變得蓬鬆柔軟，創造出輕盈口感，而這正是在製作磅蛋糕或瑪芬等甜點時，要「攪拌至泛白狀」的原因。和酥脆性一樣，若想保有奶油的最佳乳化性，奶油溫度要介於20～23° C。

可以直接用融化的奶油嗎？用塔皮來驗證！

「奶油還要恢復室溫才能製作，真是麻煩！不知道能不能直接用融化的奶油來製作？」各位是否也有過這樣的想法呢？以下分別用「恢復常溫的奶油」和「融化的奶油」來製作塔皮，帶大家看看成品有哪些不同。

比較外觀

恢復常溫的奶油

融化的奶油

依照同一套食譜，分別用「恢復常溫的奶油」和「融化的奶油」做的塔皮，兩者在外觀上沒有太大差異，都烤得十分漂亮。不過，用融化奶油做的塔皮冷卻前的狀態黏乎呼的，冷卻後一開始會變得硬邦邦的很容易擀開，但奶油很容易融化，所以很快就會變軟，處理起來不是很容易。

實驗材料（1個／18cm的塔模）

低筋麵粉——120g
杏仁粉——30g
糖粉——40g
香草油——少許
打散的蛋液——1/2顆
無鹽奶油——70g
鹽——少許

※ 分別用恢復至成常溫的奶油（20° C 左右）和融化的奶油來製作。

比較口感

恢復常溫的奶油

融化的奶油

用「恢復常溫的奶油」做的塔皮又酥又脆，保有塔皮特有的輕盈口感。相較之下，用「融化的奶油」做的塔皮，吃不太出酥脆的輕盈口感，反而有一股爽脆的嚼勁。用手掰開時，用「恢復常溫的奶油」做的塔皮一下子就碎掉了，而用「融化的奶油」做的塔皮感覺比較硬，需要出一點力才能掰開。

實驗結果

關於奶油的使用，請務必按照食譜的指示製作

總是漫不經心地照食譜做，沒想到口感會差這麼多，令人大吃一驚。實驗結果發現，奶油還是得按照食譜要求的狀態來製作比較好。雖然，無論奶油是什麼狀態，都能做得有模有樣，但為了避免失敗、做得更美味可口，重點在於理解奶油的特性，細心地製作。

如果有「派皮沒辦法做得層次分明」、「磅蛋糕膨脹不起來」、「餅乾太硬了」等問題，請務必參考奶油的這些特性來製作甜點。

關於奶油以外的油脂

事實上，用來製作甜點或麵包的油脂並非只有奶油而已，還有許多其他種類。現在，讓我們看看還可以用什麼奶油以外的油脂製作甜點吧！

這是一種精製植物油，原料有菜籽、大豆、玉米、向日葵、紅花等皆為種子。沙拉油無色無味，用途廣泛，可用來炸東西或製作沙拉醬。沙拉油中也有不用一種原料製成的油，由兩種以上的原料混合而成的，稱為「混合沙拉油」。

這是由糙米的米糠和胚芽所精製而成的油。富含維生素E、植物固醇及γ-穀維素、生育醇等。無怪味，可呈現食材原味；除了料理，也能用來製作麵包和甜點，用途廣泛。此外，米油具有抗氧化性，能讓料理長保美味，適合用來做常備菜或便當菜。

這是從橄欖果實裡所提煉出來的精製油脂。風味比特級初榨橄欖油溫和，主要用於沙拉醬的基底，或想凸顯出食材原味的加熱烹調時使用。

這是萃取自椰子胚乳的油，具有椰子特有的甘甜香味，通常用來製作甜點或添加至飲料中。25°C以上會變成液體，20°C以下則會變成白色固體。含有大量的「中鏈脂肪酸」，分解得很快，可促進消化吸收。耐熱且不易氧化，因此，無論是加熱料理或冷食料理皆適用。

這是在食用油中加入奶粉或發酵乳、食鹽、維生素等加工乳化而成的加工食品。人造奶油的原料為食用油，例如：玉米油、大豆油、紅花油等植物性油脂。可依各自的特性分開來使用，或是把好幾種油脂混合製成。除了塗抹在麵包上直接食用，也可用來製作麵包、蛋糕、餅乾。

用奶油與液體油做出來的成品有差嗎？用塔皮來驗證！

是不是想試試看用奶油以外的油脂來製作甜點呢？以下分別用沙拉油、橄欖油、米油、椰子油、人造奶油、奶油來製作同一種甜點，試試看外觀和口感有什麼不同吧！

比較外觀

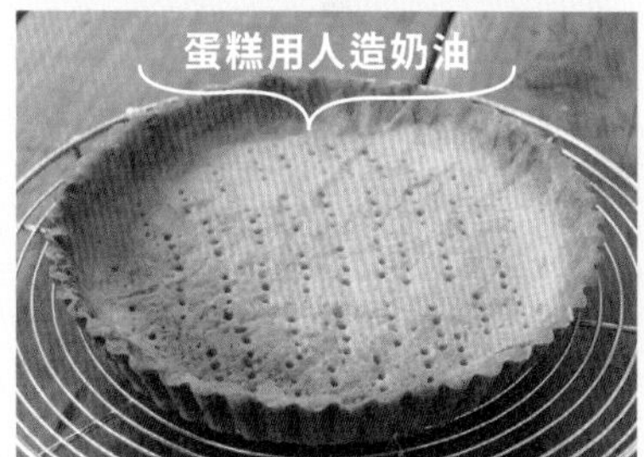

用沙拉油、橄欖油、米油和椰子油所製作的塔皮，其顏色比用奶油做的深一點。另外，烘烤前都是會黏手的麵團，以致無法烤得很漂亮，會有點變形。至於用人造奶油做的塔皮，和奶油所做的塔皮幾乎沒什麼差別，烤出來的顏色剛剛好，形狀也很漂亮。

實驗材料（1個／18cm的塔模）

低筋麵粉——120g
杏仁粉——30g
糖粉——40g
打散的蛋液——1/2顆
無鹽奶油——70g
鹽——少許

※ 用量不變，分別把奶油換成沙拉油、橄欖油、米油、椰子油、蛋糕用人造奶油來製作。

☑ 比較口感&風味

剛出爐也不會有油耗味，充滿麵粉香。不同於奶油做的塔皮，沙拉油製塔皮其表面硬又脆。但隨著時間經過會慢慢產生油氧化之後的油耗味，如果連著吃幾片會感覺有點膩。

跟沙拉油一樣，能烤出表面酥脆的口感。剛放進嘴裡時，吃不太出橄欖油特有的香氣，但多咬幾下就能感受到橄欖油特有的風味與香醇；比起甜餡，似乎更適合拿來做鹹派。

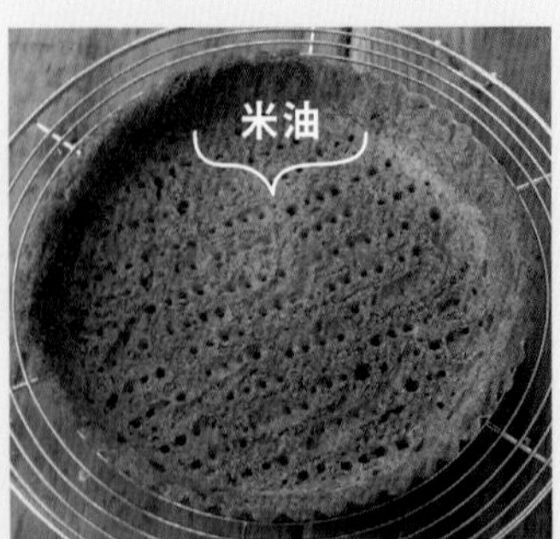

由於是無色無味的液體油，可做出類似用沙拉油製作的塔皮。然而，完全沒有油耗味，口感很輕盈，會讓人想一口接一口。如果要使用液體油代替，米油可能跟甜點最對味。

口感又酥又鬆，宛如雪球般在嘴裡化開。無論是剛出爐或過了一段時間，都能感受到椰子強烈的香氣，推薦給喜歡椰子味道的人。

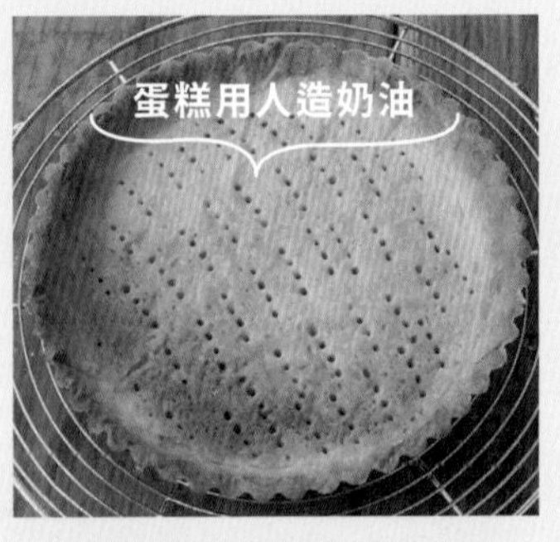

口感最接近用奶油烤的塔皮。雖然味道也跟液體油一樣無色無味，但沒有奶油的香氣，只有人造奶油獨特且強烈的香料味。

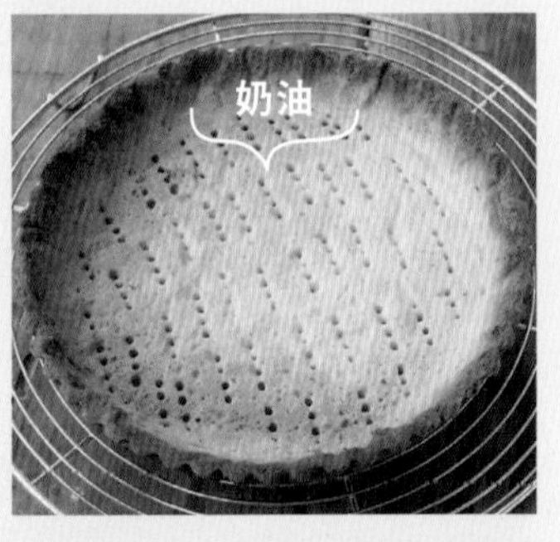

口感酥脆，奶香濃郁。沙拉油或米油做的塔皮能直接感受到麵粉風味，但用奶油做的整體比例更好，可同時兼顧麵粉香和奶香。

用液體油做的麵團比較不容易成形

使用沙拉油、橄欖油、米油做的麵團，剛開始攪拌時很沾黏，不過拌著拌著就會慢慢變成一團，醒麵後也很好擀開。只不過，拿起來的時候麵團會散掉，以致很難移到模具裡。另外，麵團的表面會出油，用手去摸，手會變得油油的。用椰子油做的麵團放進冰箱冷藏之後，會變得很硬、很難擀開。椰子油在20° C以下就會開始凝固，所以放進冰箱醒麵前，要先把麵團擀開、鋪進塔模裡比較好。

總之，我認爲人造奶油最適合用來代替奶油。雖然無論用哪種油脂來做，都能做出有模有樣的塔皮，但用人造奶油做的，不論是烘烤前的塔皮狀態或烤完的口感都最接近奶油。話雖如此，也不是非得用奶油或人造奶油製作甜點不可，各位讀者可以參考以上的實驗結果，選擇自己喜歡的油脂風味來製作。

Basic 7

派皮甜點

以下為各位介紹的，是可以輕鬆在家製作的「基本派皮」。
由低筋麵粉和高筋麵粉混合而成的手工派皮，具有酥酥脆脆的口感。
麵團裡摺入了大量的奶油，因此光是單烤來吃原味的，就很美味了。

材料（1個／20cm的派模）

低筋麵粉——120g
高筋麵粉——80g
水——60ml～
鹽——少許
無鹽奶油——15g
無鹽奶油（摺疊用）——100g

前置作業

- 所有材料使用前都要先冷藏備用。
- 在水裡加鹽，充分攪拌均勻。
- 摺疊用奶油擀成邊長12cm的正方形。

把鹽加到水裡，充分溶解備用。

摺疊用的奶油先擀開備用。

為什麼所有材料都要先冷藏備用？

先徹底冷卻所有材料，比較不容易在擀麵過中程產生麩質。

1

奶油放入調理碗中，以過篩的方式加入低筋麵粉和高筋麵粉。

為什麼不能全都使用低筋麵粉？

A 只用低筋麵粉製作派皮的話，麵團很容易斷裂，烤出來的派皮也不會有酥脆的口感。另外，只用高筋麵粉的話，麵團很難擀開，烤出來的派皮會硬邦邦的。綜合使用低筋麵粉和高筋麵粉，才能做出酥酥脆脆的派皮。

2

奶油放入調理碗中，充分搗碎。

3

將奶油與粉類以搓揉的方式攪拌均勻。

Q3 這個步驟的作用是什麼？爲什麼要「搓揉」？

A 讓奶油的薄膜包裹麵粉，能抑制加入水分後的麩質產生；這個方法稱爲「砂狀搓揉法」(Sablage)。

4

待整個麵團變成米黃色以後，在正中央壓一個凹槽，加入鹽水。

Q4 所謂的「米黃色」，大概是接近什麼顏色？

A 大概就是起司粉的顏色。

5

以「把粉覆蓋在水面上」的方式，徹底切拌均勻。

Point

揉捏會產生麩質，請務必使用刮板等工具，以切拌的方式攪拌均勻。

6

把麵糊整合成一團，劃上深3cm左右的十字刀痕；接著，用保鮮膜包起來，放進冰箱醒麵1小時。

爲什麼要在麵團劃上十字刀痕？

劃上刀痕可讓中心部分快一點降溫，便於接下來的作業。

爲什麼要醒麵？一定要冷藏1小時嗎？

A 這是爲了讓麵團在拌合過程中所產生的「麩質」趨於穩定，好讓接下來的作業更順利。所以，即使時間有限，也請務必醒麵30～40分鐘。

7

在作業臺上撒上手粉，用擀麵棍把麵團擀得比摺疊用的奶油再大一號。

Q7 手粉要使用什麼樣的粉？

A 請使用粒子比低筋麵粉還要粗的高筋麵粉。另外，每次都要用刷子刷掉多餘的手粉喔！

8

錯開四個角，把奶油放在❼上，先包起一邊，再依序包起另外三邊；要捏緊接合處，以免空氣跑進去。

9

確實撒上手粉，以平均的力道，用擀麵棍把麵團擀成3倍長。

Point

不要一口氣擀平，而是用擀麵棍一吋一吋地分段推開麵團，這樣才能擀得漂亮，麵團也才不會破掉。

10

用刷子刷掉多餘的手粉，摺三摺。

11

轉 90° C，重複❾～❿的步驟。用擀麵棍輕輕壓住表面，再用保鮮膜緊密地包起來，放進冰箱冷藏1小時。

Q8 為什麼不能跳過放進冰箱冷藏的這一步？

A 萬一奶油融進麵團裡，就無法順利膨脹起來，也無法做出完美的派皮層次。為了不讓奶油融化，請迅速作業，且每次摺疊好後都要確實冷藏。

12

重複❾～⓫兩次就大功告成了。接著，再根據不同的食譜，完成後續。

Memo｜派皮的內餡，請參考 P.121～128 的變化款食譜。

南瓜派

材料

（1個／21cm的派模）

南瓜——400g
細砂糖——20g
無鹽奶油——20g
蛋黃——1顆
鮮奶油——50～60ml
蘭姆酒——1小匙
肉桂粉——少許
冷凍派皮——2片
打散的蛋液——1顆

作法

❶ 南瓜削皮、切成2cm的小丁，再用錫箔紙包起來，用預熱至180°C的烤箱加熱30分鐘，加熱至可用竹籤刺穿為止。
❷ 加熱好的南瓜放入碗中，趁熱與奶油、細砂糖攪拌均勻。
❸ 加入鮮奶油、蛋黃、肉桂粉、蘭姆酒，混合拌勻放涼備用，內餡就完成了。
❹ 把1片派皮擀開；再擀開另1片派皮，切成1cm寬。
❺ 把沒有切的派皮鋪滿在派模上，用叉子戳幾個洞。
❻ 把❸倒入，抹平後再以格子狀的方式放上切成長條狀的派皮。用剩下的派皮把邊緣圍起來，再用叉子壓緊。
❼ 塗上打散的蛋液，再放入預熱至200°C的烤箱烤40分鐘，就大功告成了。

Point

・用烤箱加熱南瓜能讓南瓜慢慢熟透，增加甜度；若使用微波爐，請以600瓦加熱8～10分鐘左右。
・每顆南瓜的含水量及甜度都不一樣，請依個人喜好調整鮮奶油和細砂糖的用量。

蘋果派

材料（1個／18cm的派模）

冷凍派皮——4片

內餡

- 蘋果——2顆
- 細砂糖——30g
- 檸檬汁——1小匙
- 無鹽奶油——10g
- 肉桂——1/4小匙
- 打散的蛋液——1顆

卡士達醬

- 蛋——1顆
- 細砂糖——40g
- 低筋麵粉——20g
- 牛奶——250ml
- 香草油——適量

前置作業

- 派皮取出放在室內，恢復至常溫。
- 把其中2片派皮切成約1.5cm寬的長條狀；把蓋在塔模上突出的多餘麵團，編成收邊用的三股辮。
- 烤箱預熱至200°C。

作法

❶ 蘋果削皮，切成2～3cm厚的半月形。

❷ 奶油放入鍋中，融化後加入蘋果、細砂糖；用木頭刮刀翻炒，炒到出水後，加入檸檬汁。

❸ 蓋上烘焙紙，轉中火續煮，煮至蘋果呈透明感後掀開烘焙紙；加入肉桂，煮到稍微收乾、呈光澤狀後，用木頭刮刀繼續翻炒到湯汁收乾；關火放涼，冷卻後放進冰箱冷藏。

❹ 製作卡士達醬：蛋、細砂糖放入調理碗中，混合攪拌均勻，再以過篩的方式加入低筋麵粉；分3～4次加入牛奶，再加入香草油，混合攪拌均勻。

❺ 不用包保鮮膜，直接放進600瓦的微波爐加熱2分鐘；取出充分拌勻，再放回600瓦的微波爐加熱1分鐘；取出拌勻，再放回600瓦的微波爐加熱1分鐘；均勻倒進不鏽鋼盤裡，緊緊包上保鮮膜，再放上保冷劑，最後放進冰箱徹底降溫。

❻ 在砧板上撒上手粉，放上2片派皮，將2片派皮的邊緣接在一起，用擀麵棍擀得比模具稍大一點。覆蓋在模具上，用菜刀切掉多出來的麵團，再用手指把側面壓緊在模具上。用叉子在麵團底部戳滿洞。

❼ 鋪滿❺的卡士達醬、❸的蘋果，把切成長條狀的派皮交叉成格子狀，放上去，再把編成三股辮的派皮圍在邊緣，最後，用刷子塗上打散的蛋液。

❽ 放在烤盤上，放入預熱至200° C的烤箱，烤20分鐘，直到烤出焦色，再降到180° C烤30～40分鐘。烤好之後放涼再脫模，最後，切成便於食用的大小，就大功告成了。

Point

・每次用微波爐加熱卡士達醬時，請務必徹底攪拌均勻。

草莓卡士達派

材料（4個）

冷凍派皮——2片
草莓——8顆
打散的蛋液——適量

卡士達醬

- 蛋——1顆
- 細砂糖——2大匙
- 低筋麵粉——1大匙
- 牛奶——100ml
- 香草油——少許

前置作業

- 取4顆草莓切除蒂頭，切成薄片；剩下的草莓切成兩半。
- 依包裝袋的指示，解凍派皮。
- 烤箱預熱至200°C。

作法

❶ 製作卡士達醬：蛋、細砂糖放入調理碗中，混合攪拌均勻。
❷ 以過篩的方式加入低筋麵粉，攪拌至不再有粉末狀後，加入牛奶，充分混合，攪拌均勻。
❸ 加入香草油，混合攪拌均勻，罩上保鮮膜留點空隙，用600瓦的微波爐加熱1分鐘；取出，充分拌勻，再放回600瓦的微波爐加熱1分20秒。
❹ 取出❸，攪拌均勻，移到不鏽鋼盤裡，並用保鮮膜緊密覆蓋、放上保冷劑，再放進冰箱急速冷卻。
❺ 2片派皮各擀成20×10cm的長方形，用叉子戳幾個洞，再對半切開成10×10cm的正方形。
❻ 摺成三角形，邊緣預留1cm左右不要切開，從兩側劃上刀痕。
❼ 邊緣塗上蛋液，左右交互疊合。
❽ 放在已經鋪好烘焙紙的烤盤上，再次為邊緣塗抹打散的蛋液。放入預熱至200°C的烤箱，烤10～15分鐘。
❾ 從烤箱裡拿出來，中間用湯匙壓扁，放涼備用。
❿ 在中央放上❹的卡士達醬、草莓，就大功告成了。

Point

・卡士達醬放在室溫放涼很容易壞掉，所以請放上保冷劑，使其急速冷卻。

地瓜酥條

材料（8根）

地瓜——150g
細砂糖——15g
無鹽奶油——15g
牛奶——50ml～
冷凍派皮——2片
蛋黃——1顆
黑芝麻——適量

前置作業

- 地瓜削皮，切成一口大小，泡在水裡，高度淹過地瓜的一半即可。
- 烤箱預熱至200°C。

作法

❶ 地瓜放在耐熱容器裡，罩上保鮮膜留一點縫隙，不用包太緊，放進500瓦的微波爐加熱4分鐘。
❷ 從微波爐裡取出❶，用搗碎器搗成泥，再加入細砂糖、奶油，充分攪拌均勻。
❸ 分幾次加入牛奶，攪拌均勻。
❹ 用擀麵棍擀開2片派皮；把❸塗在其中一片派皮上。
❺ 再蓋上另一片派皮，切成棒狀。
❻ 把❺轉一下，放在烤盤上，塗上蛋黃，再撒上黑芝麻。
❼ 用預熱至200°C的小烤箱，烤15分鐘就大功告成了。

Point

- 也可依個人喜好在地瓜裡加入1小匙蘭姆酒，增添風味，會更好吃喔！

肉桂捲

材料（3～4個）

冷凍派皮──1片
無鹽奶油──20g
細砂糖──2大匙
肉桂粉──1大匙

糖霜

糖粉──3大匙
水──1小匙

Point

・捲好後先冷藏再切，會比較好處理喔！
・糖霜的水請分次加入，以調整糖霜的硬度。

作法

❶ 把派皮放在撒有手粉的作業臺上，用擀麵棍擀開。
❷ 用刷子在派皮上塗抹融解的奶油。
❸ 均勻撒上混合攪拌均勻的肉桂粉和細砂糖。
❹ 從靠自己這邊往前捲，牢牢捏緊接合處，再用保鮮膜包起來，放入冰箱冷藏30分鐘。
❺ 製作糖霜：糖粉、水倒入調理碗中，充分攪拌均勻。
❻ 把❹從冰箱裡取出，再切成1cm厚，排在鋪有烘焙紙的烤盤上。
❼ 放入預熱至200°C的烤箱，烤15分鐘，再淋上❺就大功告成了。

前置作業

・冷凍派皮放在冰箱裡半解凍。
・細砂糖與肉桂粉混合攪拌均勻備用。
・奶油放入耐熱調理碗中，罩上保鮮膜留點空隙，用600瓦的微波爐加熱20秒，使其融化。
・烤箱預熱至200°C。

檸檬派

材料

（1個／15cm的塔模）

冷凍派皮——1片

檸檬餡

- 蛋黃——2顆
- 細砂糖——100g
- 玉米粉——30g
- 檸檬汁——50ml
- 水——200ml

蛋白霜

- 蛋白——2顆
- 細砂糖——50g

Point

・用來當重石的米，可以重新再利用。

作法

❶ 將派皮擀成比塔模再大一號。

❷ 把❶鋪在塔模裡，切掉多餘的麵團。用叉子戳洞，鋪上烘焙紙，再放上米（重石），放進預熱至180°C的烤箱，烤15分鐘。

❸ 移開烘焙紙和米（重石），把塔留在模具裡放涼備用。

❹ 製作檸檬餡：蛋黃、細砂糖放進耐熱容器中，攪拌均勻。

❺ 加入檸檬汁拌勻，再加入玉米粉，攪拌至不再有粉末狀。

❻ 加水拌勻。用600瓦的微波爐加熱2分鐘，取出，稍微攪拌一下，再加熱2分鐘，以增加濃稠度。

❼ 把❻倒進❸裡，再放上蛋白霜，用湯匙等工具拉出角來。

❽ 用已預熱至200°C的烤箱，烤10分鐘。放涼後，再放入冰箱冷藏，就大功告成了。

前置作業

- 請依照包裝袋指示，解凍派皮。
- 烤箱預熱至200°C。
- 先製作蛋白霜備用。蛋白倒進調理碗中稍微打發後，再分2～3次加入細砂糖，每次都要充分攪拌均勻。

少了鹽會影響成品嗎？用派皮來驗證！

為什麼製作甜點要用鹽？少了鹽會怎麼樣嗎？
讓我們分別製作有鹽與無鹽的派皮，看看在外觀和口感上會有何不同吧！

有鹽

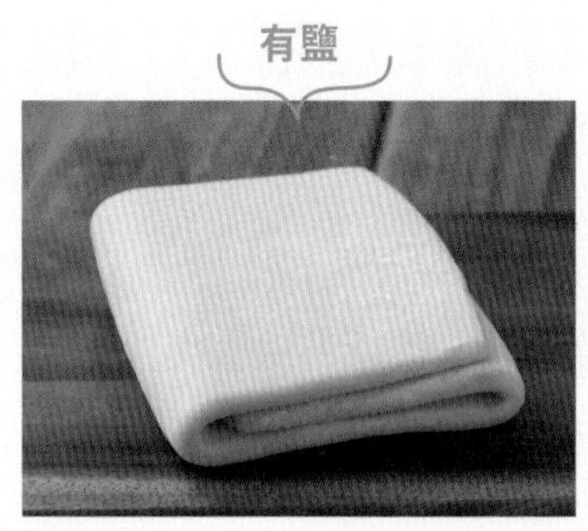

無鹽

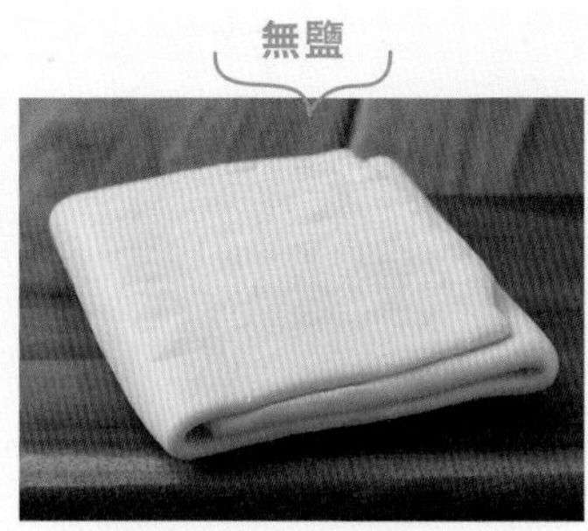

☑ 比較外觀

沒有鹽的麵團，其延展性較差，若硬要用力擀開，麵團表面可能會破掉。雖然烤好之後，兩者的膨脹度沒有多大的差別，但如果製作過程要多費力，還有擔心不可以擀破，會比較辛苦。

有鹽　無鹽

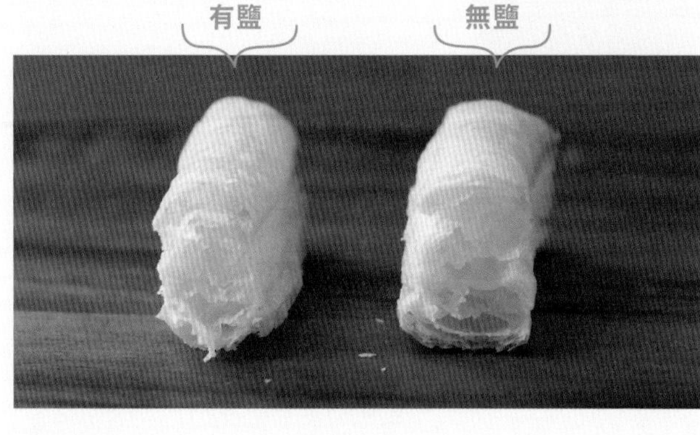

☑ 比較口感&風味

相較於有加鹽的麵團，無鹽的派皮感覺風味比較模糊，沒有重點。然而，由於完全沒有鹹味，反而可以吃到強烈的奶香味。另外，無鹽派皮或許是麩質的形成比較弱，所以也較沒有酥脆的口感。

實驗材料（1個／20cm的派模）

低筋麵粉——120g
高筋麵粉——80g
水——80ml～
鹽——1小撮
無鹽奶油——15g
無鹽奶油（摺疊用）——100g

※ 分別製作有鹽、無鹽的兩種麵團，烤出來比較看看。

建議還是加點鹽，會比較美味喔！

鹽的用量只有一點點，應該沒什麼差別吧？各位或許會這麼想，但實際上，做出來的成品天差地別。根據實驗結果，建議可以的話，還是要加入食譜中寫的鹽比較好！

鹽不僅更能凸顯出甜味，也會對麩質的形成造成影響，所以若想減少失敗率，最好還是按照食譜的指示加鹽。這次是用比較容易受麩質形成影響的派皮來做實驗，換成其他的甜點，或許又會出現不同的結果。換言之，並非所有甜點都需要加鹽，大家不妨有時間自行多實驗看看吧！

不能使用含鹽奶油製作？用派皮來驗證！

大家有沒有發現，甜點食譜中多半都指定要用無鹽奶油，進而或許會因此產生「難道就不能用含鹽奶油來做嗎？」的疑問。以下，分別用無鹽奶油和含鹽奶油製作兩種派皮，實驗看看做出來的成品有哪些不同。

比較外觀

無論是無鹽奶油或含鹽奶油，做出來的派皮都膨脹得很完美，沒什麼太大差別。橫切面也都是很漂亮的一層一層。

比較口感&風味

以無鹽奶油做的派皮，可以吃到強烈的奶油風味，比例非常完美。相較之下，用含鹽奶油做的派皮，吃下第一口不覺得有什麼差別，可是會愈吃愈鹹、愈吃愈膩，甚至可能是因為太鹹了，而吃不出奶油的風味。口感倒沒什麼太大差異，兩者都保有派皮特有的酥脆口感。

實驗材料（1個／20cm的派模）

低筋麵粉──120g
高筋麵粉──80g
水──80ml～
鹽──1小撮
無鹽奶油──15g
無鹽奶油（摺疊用）──100g

※ 分別製作有鹽、無鹽的兩種麵團，烤出來比較看看。

含鹽奶油不適合做甜點

含鹽奶油也可以做得有模有樣，但在風味上有相當大的差異；當然，這也與製作甜點時所需的奶油用量有關，像是派皮或磅蛋糕、餅乾等需要使用大量奶油的甜點，就不適合使用含鹽奶油。話雖如此，也不是完全不能用含鹽奶油來製作甜點，若想刻意增加鹹味，或許就可以使用含鹽奶油。

Basic 8

乳酪蛋糕

依序加入材料，拌勻即可！作法簡單，新手也能成功做出完美的乳酪蛋糕。
滑順的口感與濃郁的乳酪風味，令人欲罷不能！
以正統的作法製作，在家就能享受宛如置身於咖啡館的氣氛，趕快來試試！

Baked Cheese Cake

材料（1個／15cm的圓形模具）

奶油起司——200g
細砂糖——50g
鮮奶油（36%）——200ml
打散的蛋液——1顆
低筋麵粉——20g
檸檬汁——1大匙
餅乾——80g
無鹽奶油——40g

前置作業

- 把所有材料都恢復至常溫。
- 把烘焙紙鋪在模具裡。
- 烤箱預熱至180°C。

爲什麼要讓材料恢復至常溫再製作？

A 若使用冰冷的材料，很難將各種材料充分混合攪拌均勻，所以請務必恢復至常溫再開始製作。

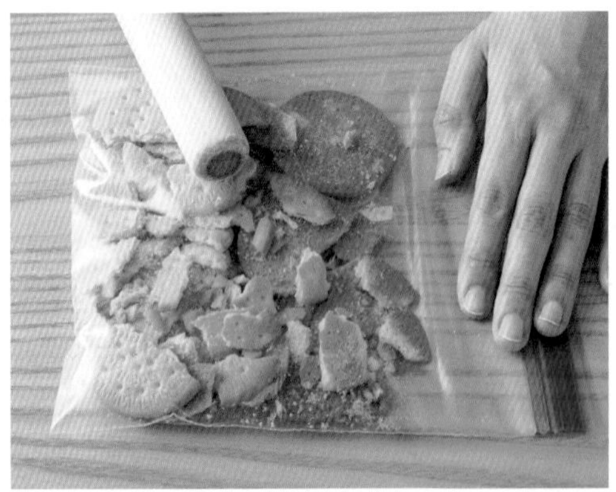

餅乾放進夾鏈袋裡，再用擀麵棍敲碎。

2

加入融化的奶油，使其融合後再倒入模具裡；用湯匙抹平，放進冰箱裡冷藏。

Q2 **可以用含鹽奶油或人造奶油代替無鹽奶油嗎？**

A 也不是不行，但可能會變得太鹹，建議最好不要這麼做。另外，也可用不含食鹽的蛋糕用人造奶油代替，但由於是植物性的奶油，最終成品的風味可能會不太一樣。

Memo | 含鹽奶油的介紹，請參考 P.130。

3

奶油起司放入調理碗中，再用打蛋器攪拌至呈柔滑細緻狀。

4

加入細砂糖，充分攪拌均勻後，再分次加蛋，記得每次都要攪拌均勻。

Point

如果太用力攪拌，會混入太多空氣，烘烤時就可能會裂開，所以請務必慢慢地輕輕攪拌。

5

分次加入鮮奶油，攪拌均勻，再加入檸檬汁，繼續拌勻。

6

以過篩的方式加入低筋麵粉，再混合攪拌均勻。

Point

加入低筋麵粉後，若過度攪拌會產生麩質，破壞柔順溫和的口感，因此要特別小心，不要攪拌過頭，只要攪拌到沒有粉末狀就可以了。

7

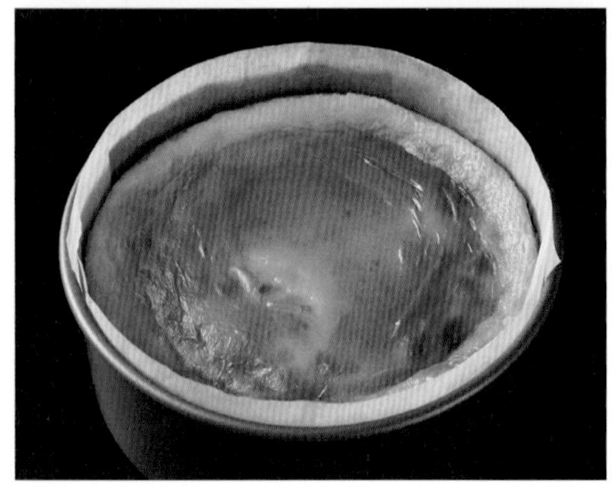

麵糊倒進模具裡，放入預熱至180° C的烤箱，烤40～50分鐘。

Q3 如何判斷是否已經烤好了呢？

A 蛋糕出爐後先輕輕搖晃，檢查是不是連裡面都熟透了。如果搖晃時表面如波浪般晃動，或是從裡頭出水，就表示裡面還沒熟。反之，如果搖晃起來像是布丁一樣，就表示已經熟了。

8

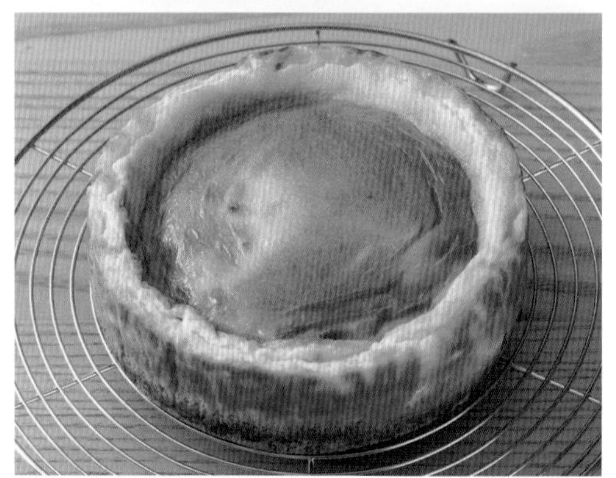

從烤箱裡取出、放涼，再放進冰箱裡冷藏，切成自己喜歡的大小就大功告成了。

Q4 什麼時候要從模具裡拿出來？

A 請確實放涼，並放進冰箱裡冷藏之後再從模具裡拿出來；可以的話，冷藏一個晚上最理想。

Q5 如何切出漂亮的橫切面？

請用以熱水溫熱的菜刀，且每切一刀都要把菜刀擦乾淨。

半熟乳酪蛋糕

材料

(1個/15cm的圓形模具)

奶油起司——200g
酸奶油——100g
蛋——1顆
鮮奶油——200ml
細砂糖——60g
玉米粉——1大匙
檸檬汁——1大匙

底座

餅乾——80g
無鹽奶油——30g

前置作業

- 把所有材料恢復至常溫,再開始製作。
- 烘焙紙鋪在模具裡。
- 烤箱預熱至180°C。

作法

❶ 餅乾放入夾鏈袋裡,用擀麵棍敲碎。
❷ 加入融化的奶油,使其融合後倒進模具裡,用湯匙抹平,再放進冰箱裡冷藏。
❸ 奶油起司、酸奶油放入調理碗中,用橡皮刮刀攪拌至呈柔滑細緻狀。
❹ 加入細砂糖,充分攪拌均勻後,再分次加蛋,記得每次都要攪拌均勻。
❺ 加入玉米粉,攪拌至不再有粉末狀,再分次加入鮮奶油,每次都要攪拌均勻。
❻ 加入檸檬汁,混合拌勻後倒進❷裡,放入預熱至180°C的烤箱,烤40~50分鐘。
❼ 取出放涼,再放進冰箱裡冷藏。享用時切成自己喜歡的大小,就大功告成了。

Point

- 也可以用太白粉代替玉米粉。

舒芙蕾乳酪蛋糕

材料

（1個／15cm的圓形模具）

奶油起司——200g
蛋黃——3顆
低筋麵粉——30g
牛奶——100ml
檸檬汁——1大匙

蛋白霜

- 蛋白——3顆
- 細砂糖——60g

前置作業

- 烘焙紙鋪在模具上；在烘焙紙側面塗上融化的奶油（另外準備），並撒上糖粉（另外準備）。
- 若是使用可以取下底部的模具，記得要先用錫箔紙包起來。
- 烤箱預熱至150°C。
- 把奶油起司取出放在室內，恢復至常溫。

作法

❶ 奶油起司、蛋黃倒進調理碗中，用打蛋器充分攪拌均勻。

❷ 以過篩的方式加入低筋麵粉，充分攪拌均勻，接著再加入牛奶、檸檬汁，徹底攪拌均勻。

❸ 製作蛋白霜：蛋白和細砂糖放入調理碗中，用電動攪拌器攪拌至可拉出尖角，且角是微微彎曲的硬度。

❹ 把❸加到❷裡，用打蛋器輕柔地充分攪拌均勻。

❺ 將麵糊倒進模具中，在不鏽鋼盤裡鋪上廚房專用紙巾，再把模具放上去，注水到不鏽鋼盤的深度2cm左右。

❻ 放入預熱至150°C的烤箱，烤20分鐘；接著再調整成120°C烤40分鐘，確實把裡面烤熟。

❼ 烤好後不要馬上從烤箱裡拿出來，而是打開烤箱門就好，把蛋糕留在烤箱內，靜置10分鐘左右再取出。

❽ 放涼之後脫模，就大功告成了。

Point

・如果是可以取下底部的模具，爲了不讓水跑進去，一定要用錫箔紙包起來。

・在烘焙紙的側面塗上奶油、撒上糖粉，可讓蛋糕漂亮地膨起來，不易裂開。

巴斯克乳酪蛋糕

材料

(1個／15cm的圓形模具)

奶油起司——400g
打散的蛋液——2顆
鮮奶油——200ml
細砂糖——80g
低筋麵粉——1大匙

前置作業

- 奶油起司恢復至常溫。
- 蛋打散，恢復至常溫。
- 把烘焙紙鋪在模具上。
- 烤箱預熱至220°C。

作法

❶ 奶油起司放入調理碗中，攪拌至呈柔滑細緻狀後，再加入細砂糖，繼續攪拌均勻。
❷ 分2次加蛋，每次都要充分攪拌均勻。
❸ 以過篩的方式加入低筋麵粉，攪拌均勻；再加入鮮奶油，充分攪拌均勻。
❹ 把麵糊倒進模具裡，接著，把模具輕輕往桌面敲，排出空氣。
❺ 放入已預熱至220°C的烤箱，烤40分鐘。
❻ 從烤箱裡取出，放涼後，再放進冰箱裡冷藏就完成了。

Point

・放涼後不冷藏直接享用，能吃出別有一番風味的濃稠感。

優格半熟乳酪蛋糕

材料

（1個／15cm的圓形模具）
奶油起司——200g
原味優格（加糖）——200g
吉利丁粉——8g
水——2大匙
餅乾——50g

裝飾用
藍莓果醬——適量

前置作業

- 把所有材料恢復至常溫。
- 用冷水泡軟吉利丁備用。
- 餅乾放入調理碗或夾鏈袋中，以擀麵棍搗碎。

作法

❶ 奶油起司放入碗中，用橡皮刮刀攪拌至呈柔滑細緻狀。
❷ 分2次加入優格，每次都要充分攪拌均勻。
❸ 在搗碎的餅乾裡加入約1大匙的❷，攪拌均勻後，鋪滿在模具裡。
❹ 用600瓦的微波爐加熱泡軟的吉利丁，大約10～20秒，使其融解。
❺ 把融解的吉利丁加到❷，仔細混合攪拌均勻。
❻ 把麵糊倒進❸裡，放入冰箱冷藏1小時以上，使其凝固就大功告成了。享用時，可依個人喜好抹上藍莓果醬。

Point

- 如果用太熱的水來泡吉利丁，中間恐怕無法充分吸收到水分；泡吉利丁時一定要用冷水，才能充分泡軟。
- 吉利丁一旦沸騰，就可能會發出臭味，削弱凝固力，因此加熱時要盯著火候，以免沸騰。
- 這是降低甜度的作法，可依個人喜好增加砂糖用量製作。
- 從冰箱裡取出後，請用熱毛巾之類的東西包住模具周圍，再慢慢從模具裡取出來，就能成功脫模。

巧克力乳酪蛋糕

材料（1個／15cm的圓形模具）

奶油起司——200g
牛奶巧克力——100g
可可粉——20g
細砂糖——40g
蛋——1顆
鮮奶油（36%）——200ml

底座

巧克力奶油夾心餅——9片
無鹽奶油——20g

前置作業

- 奶油用600瓦的微波爐加熱20～30秒，使其融化。
- 奶油起司恢復至常溫。
- 把烘焙紙放在模具裡。
- 烤箱預熱至170°C。

作法

❶ 巧克力奶油夾心餅放入袋子裡，用擀麵棍敲碎；加入融化的奶油，揉捏到所有的餅乾都沾到奶油；鋪滿在模具裡，放入冰箱冷藏。
❷ 把巧克力掰開放進耐熱容器裡，再加入鮮奶油，以隔水加熱的方式，讓巧克力融化。
❸ 奶油起司、細砂糖放入碗中，攪拌至呈柔滑細緻狀。
❹ 把蛋打進去，充分攪拌均勻。
❺ 分2～3次加入❷，每次都要仔細攪拌均勻。
❻ 以過篩的方式加入可可粉，混合攪拌均勻。
❼ 把❻倒進模具裡，在桌上敲幾次排出空氣；放入預熱至170°C的烤箱烤45～50分鐘左右。
❽ 烤好之後，直接留在模具裡放涼後，再放進冰箱裡冷藏一個晚上，就大功告成了。

Point

- 烤好後請充分冷卻再從模具裡取出。切分時，每切完一刀都要把菜刀擦乾淨，才能切得漂亮。

Oreo 乳酪蛋糕

材料

(1個／15cm的圓形模具)
巧克力奶油夾心餅——18片
奶油起司——200g
鮮奶油(35%)——200ml
細砂糖——40g
無鹽奶油——30g

前置作業

- 奶油用600瓦的微波爐加熱20～30秒，使其融化。
- 奶油起司取出放在室內，恢復至常溫。
- 把烘焙紙放在模具裡。

作法

❶ 把9片巧克力奶油夾心餅放入袋中，用擀麵棍敲碎。
❷ 加入融化的奶油，揉捏到所有的餅乾都沾到奶油。
❸ 將❷鋪滿在模具裡，放入冰箱冷藏。
❹ 奶油起司和一半的細砂糖放入調理碗中，攪拌至呈柔滑細緻狀。
❺ 鮮奶油和剩下的細砂糖放入另一個調理碗中，打到八分發。
❻ 分2～3次把❺加到❹裡，每次都要仔細攪拌均勻。
❼ 加入稍微敲碎的巧克力奶油夾心餅(4片)拌勻後，倒進模具裡。
❽ 用剩下的巧克力奶油夾心餅(5片)做裝飾，接著，放入冰箱裡冷藏2～3小時，凝固後就大功告成了。

Point

- 也可用家中現有的模具來製作。
- 請放入冰箱、徹底冷卻固定後再切開。如果還不夠硬，請移到冷凍庫，冷凍約30分鐘再切分。

可以用牛奶代替鮮奶油嗎？用乳酪蛋糕來驗證！

家裡沒有鮮奶油，怎麼辦？這種情況經常發生，所以也有很多人想知道，能不能用牛奶代替鮮奶油。以下，分別用鮮奶油、鮮奶油＋牛奶、牛奶來製作乳酪蛋糕，比較看看成品有哪些差別吧！

比較外觀

實驗材料（1個／15cm的圓形模具）

奶油起司──200g
細砂糖──50g
鮮奶油──200ml
打散的蛋液──1顆
低筋麵粉──20g
檸檬汁──1大匙

※ 分別把鮮奶油換成鮮奶油＋牛奶各 100ml、牛奶 200ml 來製作。

用鮮奶油做的乳酪蛋糕顏色最鮮艷；用牛奶做的顏色沒有用鮮奶油做的那麼深，而用牛奶和鮮奶油做的乳酪蛋糕則介於中間。

Memo｜奶油的種類介紹，請參考 P.75。

比較口感&風味

鮮奶油

用鮮奶油製作的乳酪蛋糕，口感柔軟滑順、綿密香濃；質地厚重濃郁，會慢慢在口中化開。風味十分香醇、濃郁，吃起來很像紐約乳酪蛋糕。鮮奶油的風味相當明顯，所以當中奶油起司的酸味比較淡一些。

鮮奶油＋牛奶

由於加入了牛奶，口感清淡爽口，同時奶油起司恰到好處的酸味會比只用鮮奶油做的乳酪蛋糕更明顯，整體味道的比例很好。口感上沒什麼太大差別，鮮奶油＋牛奶的乳酪蛋糕，一樣也有入口即化的滋味。

牛奶

在三種乳酪蛋糕中，以牛奶製作的味道最清爽的。不甜不膩，奶油起司的酸味十分明顯，有清淡爽口的餘韻。不過與其說口感柔滑細緻，倒不如說更偏水感。換言之，口感、風味都跟正統的乳酪蛋糕相去甚遠，推薦給不喜歡太甜、正在控制糖分，或想做得清淡爽口的人試試看。

無論是外觀或口感，都有很大差異

從實驗結果可發現，其實也可以改用牛奶製作。然而，不只有風味和口感，就連外觀都有很大的差異。

如果想做得更濃郁一點、更接近市售的乳酪蛋糕，仍建議盡可能按照食譜的指示，以鮮奶油來製作；如果想盡可能降低成本或熱量、想利用家裡現有的東西製作，或許也可以用牛奶代替。

這次是用乳酪蛋糕做實驗，但如果是裝飾用奶油或其他甜點，雖然不敢保證也能用牛奶代替鮮奶油，不過，不妨參考這次的實驗結果，有時間也來試試看吧！

不失敗的甜點配方研究室 / macaroni, 料理家 Emo 著 ; 賴惠鈴譯 .
-- 初版 . -- 臺北市 : 晴好出版事業有限公司 , 2024.10
144 面 ; 19x26cm
譯自 : macaroni が教える : 失敗しないお菓子作りの基本
ISBN 978-626-7528-28-0(平裝)

1.CST: 點心食譜

427.16　　　　　　113013714

Lifestyle 008

不失敗的甜點配方研究室

8 種基本款 X 47 種變化款 X 17 個有趣好玩的甜點配方實驗，第一次做甜點就成功

作　　者｜macaroni & 料理家 Emo（えも）
譯　　者｜賴惠鈴
特約編輯｜周書宇
封面設計｜周書宇
內文排版｜周書宇
校　　對｜呂佳真

日文版製作團隊
書籍裝幀｜田中聖子（MdN Design）
內文設計｜松川直也
校　　對｜加藤優
企畫編集｜石川加奈子

出　　版｜晴好出版事業有限公司
總 編 輯｜黃文慧
副總編輯｜鍾宜君
編　　輯｜胡雯琳
行銷企劃｜吳孟蓉
地　　址｜231023 新北市新店區民權路 108 之 4 號 5 樓
網　　址｜https://www.facebook.com/QinghaoBook
電子信箱｜Qinghaobook@gmail.com
電　　話｜(02) 2516-6892
傳　　真｜(02) 2516-6891

發　　行｜遠足文化事業股份有限公司
（讀書共和國出版集團）
地　　址｜231023 新北市新店區民權路 108 之 2 號 9 樓
電　　話｜(02) 2218-1417
傳　　真｜(02) 2218-1142
電子信箱｜service@bookrep.com.tw
郵政帳號｜19504465
（戶名：遠足文化事業股份有限公司）
客服電話｜0800-221-029
團體訂購｜(02) 2218-1417 分機 1124
網　　址｜www.bookrep.com.tw
法律顧問｜華洋法律事務所／蘇文生律師
印　　製｜凱林印刷

初版一刷｜2024 年 10 月
定　　價｜450 元
ISBN　｜978-626-7528-28-0